照明艺术与科学

建筑照明设计

周　波　杜健翔　张永锋　编著

LIGHTING DESIGN

Art and Science

Architectural Lighting

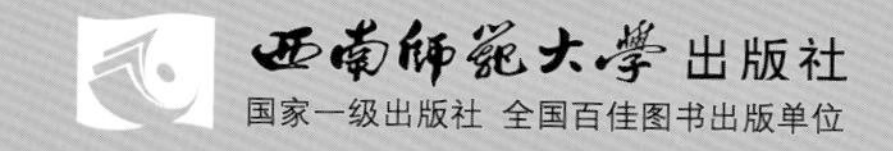

图书在版编目（CIP）数据

建筑照明设计 / 周波，杜健翔，张永锋编著 . — 重庆：西南师范大学出版社，2019.4

ISBN 978-7-5621-9684-6

Ⅰ . ①建… Ⅱ . ①周… ②杜… ③张… Ⅲ . ①建筑照明 – 照明设计 – 高等学校 – 教材 Ⅳ . ① TU113.6

中国版本图书馆 CIP 数据核字 (2019) 第 054454 号

照明艺术与科学

建筑照明设计

JIANZHU ZHAOMING SHEJI

周　波　杜健翔　张永锋　编著

责任编辑：王　煤　邓　慧
装帧设计：重庆三驾马车文化创意设计有限公司
排　　版：重庆大雅数码印刷有限公司 · 黄金红
出版发行：西南师范大学出版社
　　　　　地址：重庆市北碚区天生路2号
　　　　　邮编：400715
　　　　　网址：www.xscbs.com
印　　刷：重庆康豪彩印有限公司
幅面尺寸：200 mm × 270 mm
印　　张：6.75
字　　数：200千字
版　　次：2019年4月　第1版
印　　次：2019年4月　第1次印刷
书　　号：ISBN　978-7-5621-9684-6
定　　价：48.00元

序
Preface

照明技术是人类社会文明发展史上不可缺少的一部分。人类发现火的使用以来，从远古洞穴的篝火和火把，到现代社会多种多样的照明方式，人类对照明光源的探索和使用有了巨大的进步和变化。发现照明原理和创造照明工具与方法使人类告别了依靠自然照明为主的日出而作、日落而息的简单生活，人类可以夜以继日、超越自然昼夜的限制，不断地开创新的生活方式和审美理念。

人类最初对照明观念的认识和实际应用仅仅局限于以此改善人类的生存状态，满足自我生存的需求，扩大自身可视的时间和空间。现代社会，随着人类可视性时间和空间的改变和扩大，以及科学技术的不断发展，人类对照明的理念也在不断进步和变化，对照明光源、设备和技法的要求也变得更加丰富多样。照明不仅是一门技术，而且是一门艺术，是技术发展和艺术精神的综合表现方式。无论是中国元宵节的张灯结彩，还是西方圣诞节的火树银花，处处体现着照明的技术应用与特定的艺术文化精神之间的关联。

人类物质和文化生活的历史、现实和未来都离不开照明技术和艺术。在提倡发展生态文明的今天，我们的照明理念和技术也不断受到新的挑战，比如照明技术上强化节能和推行类似LED技术的普及等。如何使未来的照明技术更具有反映生态文明和环境保护的技术和艺术特征，是需要我们所有照明设计师共同关心的问题。

为促进我国照明技术和艺术的发展，我们需要不断从理论和实践方面对其进行总结和探讨。我国高等院校也应该更多地肩负起为社会培养这方面合格人员的责任，以适应社会发展的需要。高等院校有必要设置更多的照明灯光设计专业，同时也需要规划和编写一系列与此相关的专业基础知识教材，并能结合相关案例对此进行探讨和研究。

由我院教师周波牵头编写的“照明艺术与科学”丛书正是以此为目标的尝试。本丛书共有四册，分别为《照明设计基础》《室内空间照明设计》《建筑照明设计》《灯具造型设计》。丛书关注艺术与科学的结合，并引用大量优秀的设计案例，对其进行描述和分析，使读者能够结合实际情况学习，有的放矢，增进和加深对照明设计发展现状的认识和了解。

没有照明，我们从生活到艺术都将永远停留在黑暗之中。

四川美术学院　郝大鹏

目录
Contents

第4章 建筑照明方式

第5章 建筑照明设计实践

第6章 建筑照明与艺术

第7章 建筑照明设计案例分析

1

第 1 章
Chapter 1

Overview

01

建筑照明的背景

从某种意义上讲，人类的发展史可以说是不断追求光明的历史，照明的发展则是人类文明发展的见证史。从人类学会钻木取火，到中世纪文明时代动植物油脂灯的应用，人工照明有着漫长的发展进程。

随着近代工业文明的到来，电气照明技术发展迅速并被广泛应用。1879年，爱迪生发明了电灯；1923年，具有装饰性的霓虹灯在美国出现；1938年，节能荧光灯也问世了。特别是20世纪90年代初，远距离送电试验获得成功。1993年，新型光源LED的横空出世，给现代照明的发展提供了强大的动力，与此同时，现代建筑也呈现出多样性，建筑与照明在技术与艺术的结合上有了很大发展。（图1-1）

图1-1 照明灯具的变迁

据统计，截至2015年底，我国仅出口澳大利亚的全部照明产品价值就达7.24亿美元。2016年上半年，中国照明产业营收超过2万亿人民币。全世界的照明经济体量在不断地增大。那么，从简单的单体建筑到更具整体性的城镇建筑群、从传统光源灯具到新科技产品的应用、从光污染到绿色环保照明等照明设计如何在服务于建筑本身的同时体现出历史文化的丰富内涵、地域文化和民族特色，怎样运用好现代照明在光艺术与技术上的手段使其完美融合建筑的艺术形态，表达出照明设计的创作思想和价值认同，一直是广大照明行业从业者思考与研究的问题。基于照明行业的学科理论性书籍不多，本书将就以上方面进行梳理与提炼。同时，随着现代材料技术、光电技术、通信技术、人工智能等方面的飞速发展，作为文明进步基础条件的照明艺术与技术势必发展更加迅猛。我们也将对建筑照明艺术的未来做些自己的描述与设想。（图1-2～图1-4）

图1-2 夜幕下的拉斯维加斯繁华、迷幻、疯狂，被誉为“世界娱乐之都”

图1-3 悉尼歌剧院的灯光秀带给人不一样的视觉盛宴

图1-4 维多利亚港璀璨的夜色体现了香港经济的飞速发展

02

建筑照明的基本含义

法国哲学家柏格森说："实证科学的本质在于通过分析达到符号化。"

广义地讲，建筑照明泛指将照明技术运用于建筑，包括家居照明、学校照明、办公照明、桥梁照明、场馆照明、商业照明等室内空间和室外空间照明。

本书重点论述建筑室外的夜景照明设计。

城市夜景照明泛指除体育场、工地和室外安全照明外的建筑、室外活动空间或景观的夜景景观照明。照明的对象有广场、道路和桥梁、机场、车站和码头、名胜古迹、园林绿地、江河水面、商业街和广告标志以及城市市政设施等。其目的是利用灯光将上述照明对象的景观加以重塑，并有机地组合成一个和谐、优美、壮观且富有特色的夜景图画，以此来表现一个城市或地区的夜间形象。

建筑作为构成城市的基本元素，其照明自然成为城市照明的主体之一。当人们漫步城市的街头广场，实际上是移身于这些建筑组合而形成的空间中，随着时间的推移，许多建筑物的有机连接，又形成一个个连续、流动的空间，这种群体空间的组织，往往给人以深刻的印象，我们常说的城市面貌也在这里显现出来。所以谈城市夜景照明，实际上是基于城市建筑及其空间关系在夜间的亮度规划。这同样也适合乡村及历史名胜的建筑景观照明规划。

安藤忠雄说过："建筑设计就是要截取无所不在的光。"建筑室内空间和室外体面关系，都是在光的作用下产生明暗光影变化，以此塑造建筑构造及空间的形象。光是建筑艺术的灵魂，在建筑设计之初就要考虑光。

通过正确的设光（指光量、光的性质和方向等），加强建筑的三维体量与内部空间的明暗层次，从而强调建筑特征，提升艺术效果。

总之，光在建筑设计中科学的、艺术的运用，使得国内外设计师不断探索其神奇魅力。当光被设计师们更好地利用并展现其魅力时，我们的生活空间也将会被创造得更美。（图1-5～图1-8）

图1-5 光建构空间
明和暗的差异形成室内外不同空间划分的心理暗示，光微妙的强弱变化造就空间的层次感

图1-6 光渲染气氛
光渲染的气氛对人的心理状态和光环境的艺术感染力有决定性的影响

图1-7 光表现色彩

显色性好的人工光源可以像天然光一样真实地演现环境、人和物的缤纷色彩；显色性差的人工光源则造成颜色变异，丧失环境色彩的魅力。彩色灯光赋予光环境情感意识，使一些颜色亮丽，但也会使一些颜色发生有趣的扭曲

图1-8 光装饰环境

光和影编织的图案、光洁材料反射光和折射光所产生的晶莹光辉、光有节奏的动态旋律、灯具的优美造型都是装饰环境的宝贵元素，也是引人入胜的艺术焦点

03

建筑照明设计的特性

建筑本身是人为环境，分为建筑内部环境和建筑外部环境，内部环境容易理解，而建筑外部环境，则是构成城市空间关系的基础。它既是人们日常生活的场所，又常被作为某个群体的精神象征。美国建筑大师沙里文说："根据你的房子就知道你这个人，那么根据城市面貌就知道这里的文化追求。"它既是物质生产，又是精神创造。它既是技术，又是艺术。

所以说建筑照明设计也必然既是一门技术学科，又是一门艺术学科。它包括了空间造型、形态质地、色彩情绪、形象品质以及媒介传达等多重性。

现代照明设计极其依赖结构学、材料学、工艺学、物理学等学科知识，也越来越多地借助电子技术、网络通信技术，使得建筑照明系统从结构、表皮、形态等方面应用最新的科技成就，它离不开科技的支撑。

建筑空间环境首先解决了人们防风避雨与保暖御寒等最实用的需求，而建筑空间的大小、高低、宽窄、色彩、形态、质地等更是满足了人们的心理需求。（图1-9、图1-10）

建筑空间照明环境终是为人所用，必须满足人的生理和心理上的双重需求。以人为本是建筑照明设计最主要的依据之一，它主要表现在实用性和精神性两个方面。

人的心理与生理感受是建筑照明设计的重要设计依据，而人对外界信息的吸收有85%是来自视觉。各种形状、色彩、明度信息共同组成了视觉刺激，这些信息给人的心理既带来正面的影响也带来负面的影响。这些视觉刺激有时作用于人的心理，例如光的色彩、形态容易引起人的情绪变化；有时作用于人的生理，例如光的强度与眼睛等器官的联系更为紧密，因强光产生的眩光，使人产生眩晕与恶心，严重时可导致失明，又如暗适应，从明亮环境突然进入黑暗环境，会引起身体失衡。

设计应尽量避免引起生理上的不舒适感，但是有些设计师偶尔会利用这种生理可接受范围内的舒适错位，制造一种新的体验。例如日本建筑师安藤忠雄的"光之教堂"，便是将建筑意境、空间氛围与自然光的结合上升到了极其崇高的境界，可以说是发挥到极致。设计"光之教堂"时，安藤忠雄在迎光的一面墙上制造了一个十字架缝隙，当光线穿过墙壁进入室内空间的时候，强烈的光束冲破黑暗，将自然光影射到墙壁、地面和天花板上，光线犹如精灵般来回冲撞，创造了一个令人叹为观止的空间景象，让身居"光之教堂"的教徒们心灵得到了极大的震撼和洗礼。（图1-11、图1-12）

图1-9 柯布西耶设计的朗香教堂。阳光透过屋顶与墙面之间的缝隙和墙面上深深的装有彩色玻璃的窗洞射进室内，安排合理的空间尺度使整个建筑具有亲切感和人情味

图1-10 万神殿穹顶开有直径为9米的圆洞，这是整个万神殿内唯一的光源，人在其中，感觉沐浴在神光之下，体现了中世纪"神权至上"的建筑理念

图1-11 光之教堂 安藤忠雄

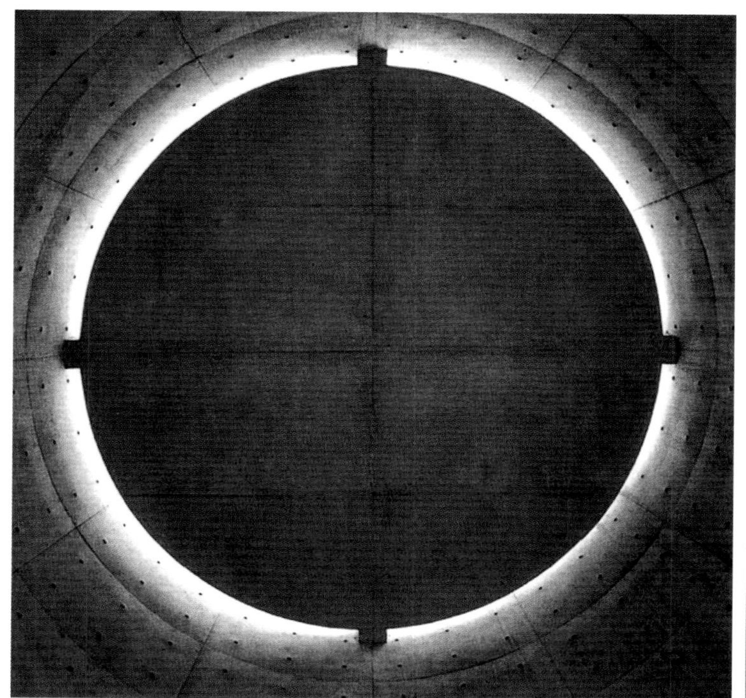

图1-12 联合国教科文组织总部冥想之庭 安藤忠雄

04

建筑照明设计的原则

现代建筑照明工程是一项系统性工程，项目的实施涉及合约、工期、成本、节能、环保等一系列事项，因此建筑照明设计必须遵循一定的规范原则和要求。

功能性原则

建筑灯光照明设计必须符合功能的要求，根据不同的空间、体量和形态选择不同的照明方式和灯具，以保证适当的照度、色温、亮度和动感度。

合理性原则

灯光照明并不一定是以多为好、以强取胜，关键是科学合理。建筑的泛光照明设计主要是为了满足人们视觉和审美的需要，使其所在的环境空间最大限度地体现实用价值和欣赏价值。华而不实的灯饰非但不能锦上添花，反而是画蛇添足，同时造成电力消耗和经济上的损失，甚至还会造成光污染而有损人的身体健康。

美观性原则

通过对灯光的明暗、隐现、强弱等进行有节奏的控制，采用透射、反射、折射等多种手段，创造风格各异的艺术情调氛围以及时尚的美感，为人们的生活环境增添丰富多彩的情趣。

安全性原则

通常灯具安装的位置是人们活动频繁的场所，所以安全防护是第一位的。这就要求灯光照明设计绝对的安全可靠，必须采取严格的防触电、防短路等安全措施，并严格按照规范进行施工，以避免意外事故发生。

绿色节能原则

近年来，随着“绿色照明”概念的推广，在设计中首先应设计节能模式的应用方案，并认真考虑选用节能高效、使用寿命长的光源和灯具，为用户节省投入和运营费用。

2

第2章

Chapter 2

建筑照明基础

Base for Architectural Lighting

01

空间基础

建筑照明载体

常规状态下，建筑是照明的主体、载体，在照明中，建筑是被动的。建筑照明设计是通过光（照明）对其特色构造和空间进行重新塑造的过程。进行建筑照明设计，首先需要了解建筑的特性，再在理解建筑的基础上来表现建筑。

建筑物的分类

建筑物根据其使用性质，通常可以分为生产性建筑和非生产性建筑两大类。其中生产性建筑根据其生产内容的不同划分为工业建筑、农业建筑等不同的类别，非生产性建筑统称为民用建筑。本书重点介绍民用建筑的分类。（图2-1～图2-10）

民用建筑指供人们生活、居住和进行各种公共活动的建筑的总称。民用建筑按使用功能可分为居住建筑和公共建筑两大类。

1. 居住建筑

居住建筑主要是指提供家庭和集体生活起居用的建筑物，如住宅、公寓、别墅、宿舍。

2. 公共建筑

公共建筑是指供人们从事社会性公共活动的建筑，如教育建筑、办公建筑等。

教育建筑：托儿所、幼儿园、小学、中学、职业学校、特殊教育学校等所使用的建筑。

办公建筑：各级立法、司法、党委、政府办公楼，商务、企业、事业、团体、社区办公楼等。

图2-1 住宅建筑

图2-2 文化建筑

图2-3 商业建筑

图2-4 医疗建筑

图2-5 科研建筑

图2-6 体育建筑

图2-7 酒店建筑

图2-8 交通建筑

图2-9 通信广播建筑

图2-10 园林建筑

建筑风格

1. 罗马式建筑（大拱门、大圆顶、大拱顶）
2. 哥特式建筑（高立柱、锋利的尖顶、花窗玻璃、华丽的浮雕）
3. 文艺复兴时期建筑（外表低调、内部奢华、对称美、和谐美）
4. 巴洛克式建筑（重装饰、动态曲面、天花板壁画）
5. 西式现代建筑（钢筋混凝土、钢材、玻璃，外形简洁）
6. 庭院式建筑（灰瓦白墙，传统与现代结合）

图2-11 不同风格的建筑

建筑语言不同于其他的艺术形式，它只能通过一定的空间和形态、比例和尺度、色彩和质感等方面的艺术形象，表达抽象的思想内涵，具有地域性和文化性，与人和环境的关系非常密切。（图2-11）

建筑室外照明

公共交通照明、园林景观照明、建筑物与构筑物照明都从属于城市景观照明体系。城市景观照明体系主要包括除运动场地照明、施工作业场地照明和户外安全照明外的景观空间照明总和。建筑物与构筑物照明是城市景观照明体系中展示其艺术特色的主体。为了提高这些自然或人造景观及人造建筑物的夜间特色，对有重要意义和观赏价值的楼、堂、馆、所等大型建筑物，常常需要设置供人夜间观赏的立面照明。这种立面照明如果处理得当，便会产生种种动人的艺术效果。

1. 公共交通照明

道路是城市的骨架，是构成城市空间的主要因素之一，也是城市中最主要的景观照明线性空间。公共交通照明主要考虑行车道、广场设施、街道设施、人行道以及街道交叉口等的功能照明与枢纽接驳等建筑景观照明。往往某些道路，如迎宾路、商业街、重要道路等，仅有功能照明显得照明“分量”不足，因此，在这些特定的路段，经常需要添加一些景观照明。（图2-12）

图2-12 公共交通照明

2. 园林景观照明

园林景观照明通常包括公园绿地、江河水面、名胜古迹等植物配置较多的场所。这些场所是公众游览、观赏、休憩、健身等活动的场所，同时也是城市重要的开放性空间。因此，在满足人群正常活动的照明需要下，通过整体空间的合理亮度分布及局部的景观照明设计，实现良好的夜景观效果，使夜间户外休闲人群充分享受愉悦的光色环境。（图2-13）

图2-13 园林景观照明

3. 建筑物与构筑物照明

建筑物与构筑物是组成城市的根本要素。根据建筑物的重要性、高度、建筑特色以及建筑物在城市的分布状况实施亮化工程，对城市的夜景观有非常重大的意义：

①夜幕下，在光的恰当分布中梳理城市肌理，勾勒城市的天际线；

②除了突出城市的地貌特征外，还便于与建筑群和道路形成不同的区域识别；

③展现城市的地域特色和对文化追求的品质定位。

建筑的形态“五花八门”，使用的材料数不胜数，其亮化照明应注意整体性、层次感、个体特征。

因此，建筑室外照明根据建筑的特征和要求，强调建筑形象的塑造，意在使其主题突出，特征鲜明，既突出重点，又兼顾全局。设计时应合理选择最佳照明方式，充分体现照明技术和艺术的有机结合，做到照明功能合理，确保照明夜景的总体效果，使其富有艺术性并和周围环境照明协调一致。（图2-14）

图2-14 建筑物与构筑物照明

02
技术基础

建筑室外照明灯具的种类

灯具是照明的引擎，选择合适的灯具是照明设计的主要任务之一。建筑室外照明灯具的主要特点有体积大、安装不易隐蔽，易造成眩光，需做防水和防触电处理。

根据灯光效果表现形式划分

根据灯光效果表现形式可大致划分为点灯、轮廓灯、面光灯。（图2-15）

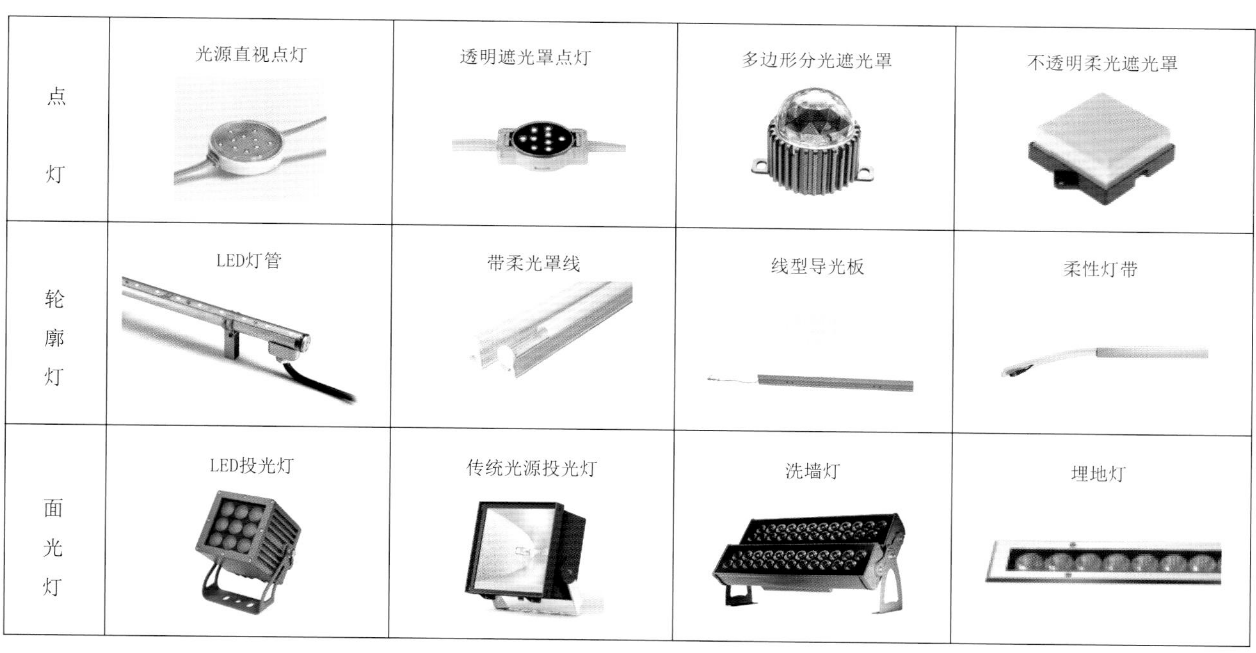

图2-15 根据灯光效果表现形式划分灯具

根据灯光的安装应用方式划分

1. 固定式灯具

不能很方便地从一处移到另一处的灯具，这种灯具只能借助工具才能移动或用于不易接触之处。一般来说，固定式灯具设计成与电源永久连接，但也可用插头或类似器件连接。例如吊灯和设计为固定在顶棚上的灯具。其中有一种制造厂指定完全或部分嵌入安装表面的固定式灯具，也可叫嵌入式灯具。

注：这一术语也适用于在封闭空间内工作的灯具和安装在吊顶内的灯具。（图2-16）

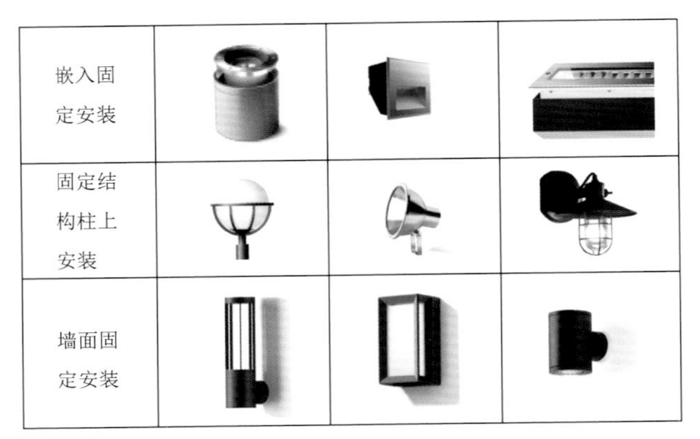

图2-16 固定式灯具

2. 可移式灯具

正常使用时，灯具连接电源后能够从一处移到另一处的灯具。

注：安装在墙上的、备有不可拆卸的软缆或软线，用插头连接电源的灯具，并用蝶形螺钉、钢夹、挂钩等将灯具固定，徒手便可很方便地从其支承物上取下的灯具均称作可移式灯具。（图2-17）

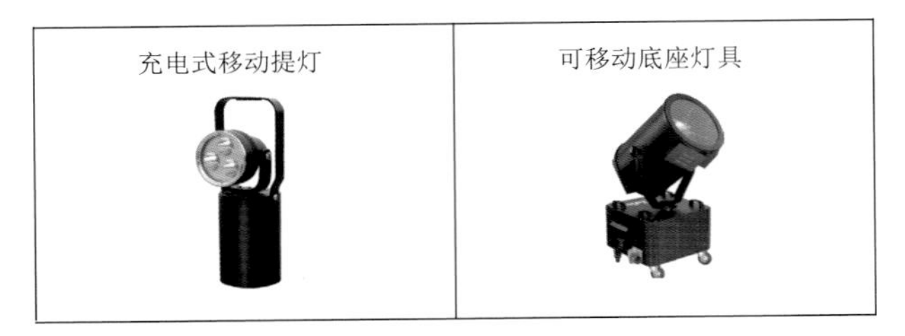

图2-17 可移式灯具

3. 可调式灯具

通过铰链、升降装置、伸缩套管或类似装置可使灯具的主要部件旋转或移动的灯具。

可调式灯具还可分为可调角度灯具和可调光灯具。

注：可调式灯具可以是可移式的，也可以是固定式的。（图2-18）

图2-18 可调式灯具

根据安全防触电等级划分

GB 7000.1—2007《灯具　第1部分：一般要求与试验》中，防触电保护可以分为四类，即0类、Ⅰ类、Ⅱ类和Ⅲ类，与0类灯具相比，Ⅰ类、Ⅱ类和Ⅲ类灯具更安全。（图2-19）

1. 0类灯具（class 0 luminaire）

依靠基本绝缘作为防触电保护的灯具。这意味着，灯具的易触及导电部件（如有这种部件）没有连接到设施的固定线路中的保护导体，万一基本绝缘失效，就只好依靠环境了。

2. Ⅰ类灯具（class Ⅰ luminaire）

灯具的防触电保护不仅依靠基本绝缘，而且还包括附加的安全措施，即易触及的导电部件连接到设施的固定布线中的保护接地导体上，使易触及的导电部件在万一基本绝缘失效时不致带电。

3. Ⅱ类灯具（class Ⅱ luminaire）

灯具的防触电保护不仅依靠基本绝缘，而且具有附加安全措施，例如双重绝缘或加强绝缘，但没有保护接地的措施或依赖安装条件的措施。

4. Ⅲ类灯具（class Ⅲ luminaire）

防触电保护依靠电源电压为安全特低电压，并且不会产生高于SELV电压的灯具。（SELV意为安全特低电压）

标记	符号	说明
class 0	无	—
class Ⅰ	无	—
class Ⅱ	（正方形内含正方形符号）	正方形内含正方形
class Ⅲ	Ⅲ	正方形内含Ⅲ

图 2-19 防触电等级符号说明

根据安全防水防尘等级划分

由欧洲电子技术标准化委员会提出，电气设备外壳防护等级被分成很多类，根据不同的号码，能够迅速方便地确定产品的防护等级。（图2-20～图2-22）

IP XX	名称	说明
0	无防护	无防护
1	防护50 mm直径和更大的固体外来物	探测器，球体直径为50 mm，不应完全进入
2	防护12.5 mm直径和更大的固体外来物	探测器，球体直径为12.5 mm，不应完全进入
3	防护2.5 mm直径和更大的固体外来物	探测器，球体直径为2.5 mm，不应完全进入
4	防护1.0 mm直径和更大的固体外来物	探测器，球体直径为1.0 mm，不应完全进入
5	防护灰尘	不可能完全阻止灰尘进入，但灰尘进入的数量不会对设备造成伤害
6	防护灰尘	不应该进入灰尘

图2-20 防固体等级

IP代码举例：

无附加字母和补充字母的IP代码

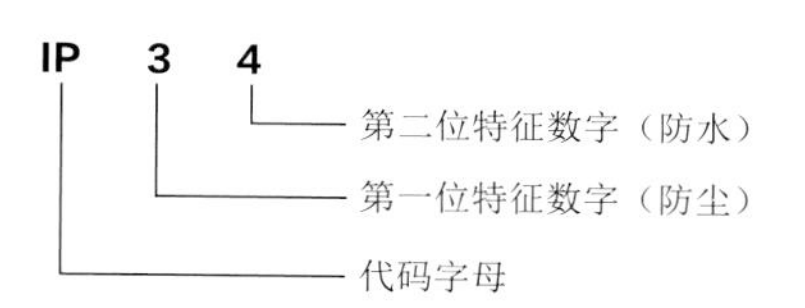

IP代码举例：

有附加字母和补充字母的IP代码

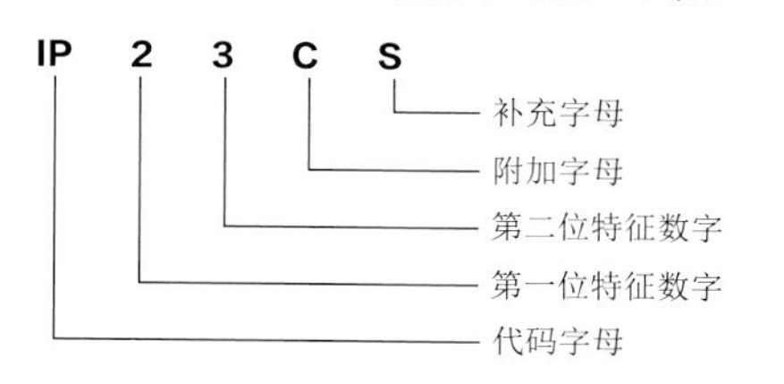

IP XX	防止进水造成有害影响
0	无防护
1	垂直滴水：垂直落下的水滴不应引起损害
2	15°角滴水：外壳向任何一侧倾斜15°角时，垂直落下的水滴不应引起损害
3	淋水：以60°角从垂直线两侧溅出的水滴不应引起损害
4	溅水：从每个方向对准外壳的喷水都不应引起损害
5	喷水：从每个方向对准外壳的射水都不应引起损害
6	猛烈喷水：从每个方向对准外壳的强射水都不应引起损害
7	短时间浸水：外壳在标准压力下短时间浸入水中时，不应有能引起损害的水量浸入
8	连续浸水：可以在特定条件下浸入水中，不应有能引起损害的水量浸入
9	可以防护高压水冲，水量为14～16 L/min，水压800～1000 kPa，水温可至60°C，在任一方向离测试物100～150 mm距离冲30 s都不应引起损害

图2-21 防水等级

附加字母	防止危险		补充字母	专门信息
	简要说明	含义		
A	防止手背接近	直径50 mm的球形试具与危险部件必须保持足够间隙	H	高压设备
B	防止手指接近	直径12 mm、长80 mm的铰接试具与危险部件必须保持足够间隙	M	做防水试验时试样运行
C	防止工具接近	直径12 mm、长100 mm的铰接试具与危险部件必须保持足够间隙	S	做防水试验时试样静止
D	防止金属线接近	直径1 mm、长100 mm的铰接试具与危险部件必须保持足够间隙	W	气候条件

图2-22 附加字母与补充字母说明

户外建筑照明灯具的主要参数

光通量

光通量表示光源在单位时间内发出光能的多少。不同波长光的辐射功率相等时，其光通量并不相等。且由于光谱光视效率随波长分布不同，为了比较任意两个灯发出的可见光时，不能直接用辐射通量（瓦）进行比较，需要转换成相当于多少555 nm标准光通量进行比较。光通量单位有光瓦、流明（lm）。由于光瓦单位比较大，如40瓦白炽灯约发出0.5光瓦的光，故常用流明。明视觉时，1光瓦=683 lm；暗视觉时，1光瓦=1 700 lm。

照度

对于被照面而言，常用在其单位面积上的光通量多少来衡量它被照射的程度，这就是常用的照度，它表示被照面上的光通量。照度的常用单位是勒克斯（lx）。

色温

色温是照明光学中用于定义光源颜色的一个物理量。即把某个黑体加热到一个温度，其发射的光的颜色与某个光源所发射的光的颜色相同时，这个黑体加热的温度称为该光源的颜色温度，简称色温。其单位用“K”（温度单位开尔文）表示。（图2-23）

图2-23

显色指数

光源显色性的度量，以被测光源下物体颜色和参考标准光源下物体颜色的相符合程度来表示。显色指数是评价识别物体显色性的数量指标，是被测量光源照明物体的心理物理色与参比标准光源照明同一物体的心理物理色符合程度的度量。

显色指数分为一般显色指数与特殊显色指数，光源对国际照明委员会规定的第1至8种标准颜色样品显色指数的平均值，称为一般显色指数，符号是R_a。光源对国际照明委员会规定的第9至15种标准颜色样品显色指数，称为特殊显色指数，符号是R_i。

显色指数系数是目前定义光源显色性评价的普遍方法。在长期工作或停留的场所，照明光源的显色指数不应小于80。由于LED光源发光的复杂性，在评价显色性时除了要求一般显色指数不应小于80，特殊显色指数R_9还应为正数。

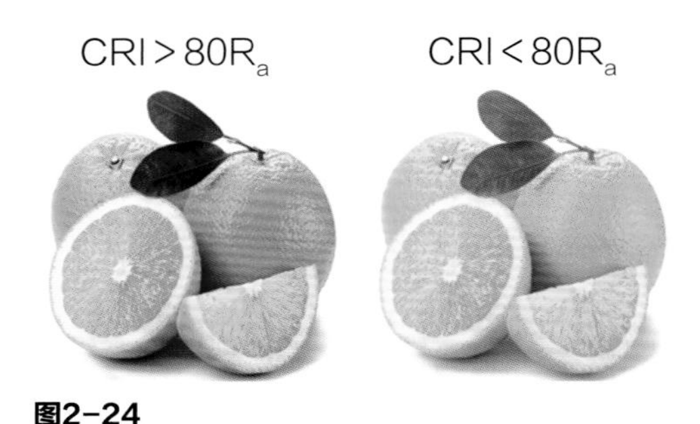

图2-24

光强

光强是发光强度的简称，表示光源在单位立体角内光通量的多少。

发光强度是指光源在指定方向上的单位立体角内发出的光通量，也就是说光源向空间某一方向辐射的光通密度。用符号I表示，国际单位是cd（坎德拉）。光强代表了光源在不同方向上的辐射能力。通俗地说，发光强度就是光源所发出光的强弱程度。

亮度

亮度是指发光体（反光体）表面发光（反光）强弱的物理量。人眼从一个方向观察光源，在这个方向上的光强与人眼所“见到”的光源面积之比，被定义为该光源单位的亮度，即单位投影面积上的发光强度。亮度用符号*L*表示，亮度的单位是cd/m^2，读作坎德拉每平方米。

光源的明亮程度与发光体表面积有关系，同样光强情况下，发光面积大，则暗，反之则亮。

亮度与发光面的方向也有关系，同一发光面在不同的方向上其亮度值也是不同的，通常是按垂直于视线的方向进行计量的。（图2-25）

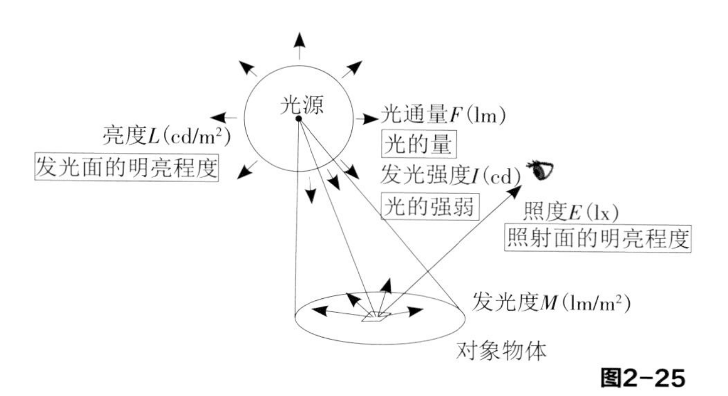

图2-25

配光

配光在照明设计中至关重要，同样功率、光效的灯，是否是我们设计所需要的，主要看配光。在平面灯具资料内我们看配光曲线，在计算机辅助设计中我们需使用光域网文件，光域网由灯具厂家实际测量数据制作而成，能更准确反映光的实际分配情况。

光域网

光域网分布方式通过指定光域网文件来描述灯光亮度的分布状况。光域网是一种关于光源亮度分布的三维表现形式，存储于IES文件当中。这种文件通常可以从灯光的制造厂商那里获得，格式主要有IES、LTLI和CIBSE。（图2-26）

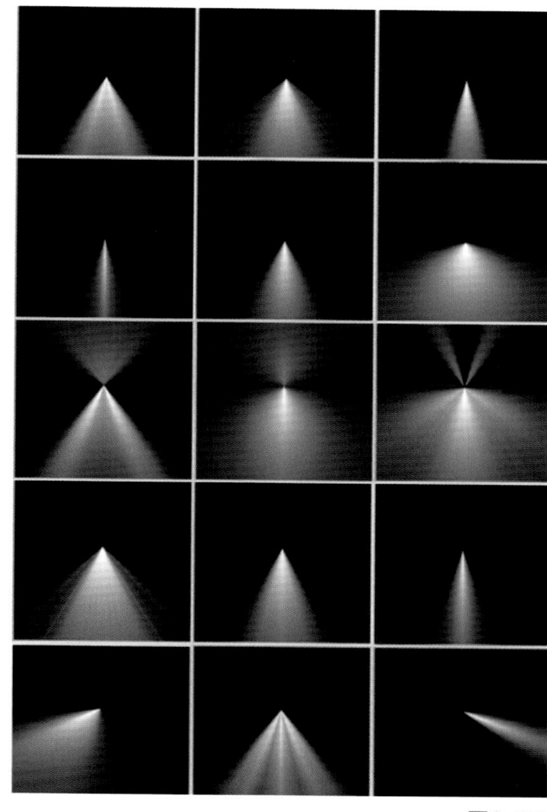

图2-26

照度计算

照明计算是照明设计的重要内容，照度计算又是照明功能效果计算的重要组成部分。照度计算的目的是根据所需要的照度值，来决定灯具布置的方式和灯的数量。

例1：

室外照明：50米×15米广场，使用18 W LED灯4套。

平均照度=光源总光通量×利用系数（CU）×维护系数（MF）/面积=（70×18×4）×0.4×0.8÷50÷15≈2.2 lx（LED光通量为70 lm/W，灯具利用系数为0.4，维护系数为0.8）

结论：平均照度2.2 lx以上。

例2：

体育场照明：20米×40米场地，使用POWRSPOT 1 000 W金卤灯60套。

平均照度=光源总光通量×CU×MF/面积=（105 000×60）×0.3×0.8÷20÷40 =1 890 lx

结论：平均照度1 890 lx以上。

以上举例仅作为参考，因为照明设计必须要求准确的利用系数，否则会有很大的偏差。影响利用系数大小的主要因素有以下三个：灯具的配光曲线、灯具的光输出比例以及周边环境的反射率，如构筑物墙壁、植物的反射率等。因此现在照明设计多采用计算机辅助设计，能更准确计算各种复杂环境的照明数据。

计算机辅助设计在照明设计中的应用越来越广泛，当下的照明设计工作流程几乎可以完全使用计算机。

为了满足照明设计在技术和艺术上的不同需求，目前国外已经开发出许多专业照明设计软件，本书仅就使用较为广泛的照明设计软件DIALux、Ecotect、AGi32、Lightscape做简要介绍和比较，供照明设计者参考。

比较分项进行，其顺序基本依照进行照明设计及计算的流程。比较项目包括建模/导入模型、材质设置、灯光数据的输入、灯具的排布、人工照明计算、天然光计算。每项对各软件的使用在简介后做比较性总结。

结论如下：

1.在进行日照模拟阴影分析等领域，Ecotect功能强大，照明计算并不是其强项。

2.DIALux在进行小规模场景计算时比AGi32显得方便快捷，在计算精度与速度上与AGi32的差距也很小。

3.在进行大规模场景计算时，AGi32在诸如灯具的管理、批量处理计算等方面有显著优势，此外计算结果和速度相对于DIALux的优势也变得显著。

4.Lightscape在计算精度、速度方面都没有亮点，其最大长处在于材质信息丰富，有助于渲染效果图质量的提升。

控制系统

灯光控制分类

灯光控制分为开关控制和调光控制。

开关控制指的是控制灯光的亮灭。现有以下技术实现：

1.各种机械的手动开关、按钮；

2.通过时控开关、继电器等实现手动和自动控制；

3.由智能模块实现智能化控制；

4.声、光控开关。

在建筑泛光照明设计中多采用第2、第3种控制方式，其优势是便于管理，可避免误操作。智能化控制是未来发展的主流控制方式。

控制亮度的两种主要方法

1.机械加减法

通过控制点亮灯具的数量，来达到发光总强度的增强或减弱。对于单灯，则可采用遮光板或可变光阑来改变灯具透光量。

2.电气控制法

使用各种不同的调光器，改变灯具的工作电压或电流，从而调整灯具的发光强度。

这两种方法各有特点，第一种方法的优点在于不会影响色温，但调整不够方便。第二种方法则操作简单，且能实现自动和程控操作，其缺点是在改变发光强度的同时，色温和显色性有较大变化。

色彩变化控制方法

由于现代LED灯具可以表现丰富多彩的灯光艺术效果，因此除了使用手动操作的开关设备外，还有用到声音控制（声控）、程序控制（程控），甚至电脑控制等多种具有特殊功能的开关控制设备。（图2-27）

图2-27

市场上五种LED照明设备控制方式

1.前沿切相控制调光

前沿调光就是采用可控硅电路，从交流相位0开始，输入电压斩波，直到可控硅导通时，才有电压输入。

其原理是调节交流电每个半波的导通角来改变正弦波形，从而改变交流电的有效值，以此实现调光的目的。

前沿调光器具有调节精度高、效率高、体积小、重量轻、容易远距离操纵等优点，在市场上占主导地位，多数厂家的产品是这种类型的调光器。

前沿切相控制调光器一般使用可控硅作为开关器件，所以又被称为可控硅调光器。在LED照明灯上使用前沿切相（FPC）调光器的优点是调光成本低，与现有线路兼容，无须重新布线。劣势是FPC调光性能较差，通常可致调光范围缩小，且会导致最低要求负荷超过单个或少量LED照明灯额定功率。

因为可控硅半控开关的属性，它只有开启电流的功能，而不能完全切断电流，即使调至最低依然有弱电流通过，而LED微电流发光的特性，使得用可控硅调光大量存在切断电源后LED仍然微弱发光的现象，这成为目前这种免布线LED调光方式推广的难题。

2.后沿切相控制调光

后沿切相控制调光器，采用场效应晶体管（FET）或绝缘栅双极型晶体管（IGBT）设备制成。后沿切相控制调光器一般使用金氧半场效晶体管（MOSFET）作为开关器件，所以也被称为MOSFET调光器，俗称“MOS管”。

MOSFET是全控开关，既可以控制开，也可以控制关，故不存在可控硅调光器不能完全切断电流的现象。

另MOSFET调光电路比可控硅更适合容性负载调光，但其成本偏高和调光电路相对复杂等特点，使得MOS管调光方式没有发展起来，可控硅调光器仍占据绝大部分的调光系统市场。

与前沿切相调光器相比，后沿切相调光器应用在LED照明设备上，由于没有最低负荷要求，从而可以在单个照明设备或非常小的负荷上实现更好的性能。但是，由于MOS管极少应用于调光系统，一般只做成旋钮式的单灯调光开关，这种小功率的后沿切相调光器不适用于工程领域。

而诸多照明厂家应用这种调光器对自己的调光驱动和灯具做调光测试，然后将自己的调光产品推向工程市场，导致工程中经常出现使用可控硅调光系统调制后沿切相调光驱动的情况。

这种调光方式的不匹配导致调光闪烁，严重的会迅速损坏电源或调光器。

3.1～10 V调光

1～10 V调光装置内有两条独立电路，一条为普通的电压电路，用于接通或切断至照明设备的电源，另一条是低压电路，它提供参考电压，告诉照明设备调光级别。0～10 V调光控制器以前常用在对荧光灯的调光控制上，现在，因为在LED驱动模块上加入恒定电源，并且有专门的控制线路，故1～10 V调光器同样可以支持大量的LED照明灯。但应用缺点也非常明显：低电压的控制信号需要额外增加一组线路，这对施工的要求大大提高。

4.DALI

DALI标准已经定义了一个DALI网络，包括最大的64个单元（可独立地址），16个组及16个场景。DALI总线上的不同照明单元可以灵活分组，实现对不同场景的控制和管理。

在实际应用中，一个典型的DALI控制器可控制40～50盏灯，可分成16个组，同时能够并行处理一些动作。在一个DALI网络中，每秒能处理30～40个控制指令。这意味着控制器对于每个照明组，每秒需要管理2个调光指令。

DALI并不是真正的点对点网络，它是代替1～10 V电压接口控制镇流器。相对于传统的1～10 V调光，DALI的优点在于每个节点都具备唯一地址码，并且带反馈，更远距离调光不会像1～10 V那样出现信号衰减，但是工程实践中这个距离还是不宜超过200米。显然DALI不适合LED照明控制，一个DALI网络只能控制21盏全彩LED灯具。

DALI是面向传统照明控制的，注重的是系统的静态控制及可靠性、稳定性、兼容性。而LED照明系统的规模远远大于DALI系统，主要追求灯具艺术效果表现力，适当地兼顾系统的智能化。这就要求系统需要接入更大的总线网络，具有无限扩展能力和较高的场景刷新能力。因此，DALI系统在大型照明工程中往往作为一个子系统被并入其他总线系统。DALI调光的优点不用赘述，缺点是复杂的信号线布置和高昂的价格。

5. DMX512调光

DMX512协议是由USITT（美国剧场技术协会）制定的，目前几乎所有的灯光及舞台设备生产商都支持此控制协议。

DMX512超越了模拟系统，但不能完全代替模拟系统。DMX512的简单性、可靠性（假如能够正确安装和使用的话）以及灵活性使其成为资金允许情况下可优先选择的一种协议。

在实际应用中，DMX512的控制方式一般是将电源和控制器设计在一起。

由DMX512控制器控制8～24线，直接驱动LED灯具的RGB线。但是在建筑亮化工程中，由于直流的线路衰减大，要求12米左右就安装一个控制器，控制总线为并行方式。因此，控制器的走线非常的多，导致在很多场合无法施工。

DMX512的接收器需设置地址，让它能明确接收调光指令，这在实际应用中也非常不方便。多个控制器互联来控制复杂的照明方案，操作软件也会设计得比较复杂。因此，DMX512比较适合灯具集中在一起的场合，如舞台灯光。

综上所述，DMX512控制器的主要缺点在于需要特定的接线布局和类型，并需要一定的编程，以便设置基本颜色和场景。

目前，室外建筑因工程量大且调试复杂，因而在实际运用中DMX512调光方式是最稳定的，后期维护也最方便。

3

第 3 章
Chapter 3

建筑照明影响因素
Factors Influencing Architectural Lighting

01
环境因素

在实施建筑室外照明设计方案的过程中，外部环境对其也有重要影响，所以在设计之初就要高度重视。

自然环境

自然环境是个极其复杂、丰富的自然综合体，有许多领域还没有完全为人们所认知。此处所讨论的自然环境，是直接与建筑照明相关的自然环境。按照环境构成因子的性质及其与人的适应方式，自然环境可划分为物理环境、化学环境和生物环境等。

物理环境

物理环境的构成因子包括空间、方位、体量、气候、温度、气流、气压、声、光、放射线等。“光”也是一种物理现象，这里讲的物理环境主要是上述因子不同导致的明显差异。所以照明设计师在进行照明设计时，应主动了解、观察，把光融入自己的规划和创作之中，为城市和建筑物增“光”添“彩”。（图3-1、图3-2）

化学环境

化学环境的构成因子包括空气和各种气体、水、粉尘、化学物质等。化学环境对灯光设计有一定的影响，如气体、粉尘在一定空间内密度过高，在灯光的照射下会形成一种光污染现象。海风的腐蚀性对灯具产品有一定影响，所以在选灯具时也要注意。（图3-3）

图3-1 山城重庆依山傍水，灯光层次丰富

图3-2 中东沙漠城市所特有的沙漠地形，形成独特的灯光氛围

生物环境

生物环境是由动物、植物、微生物构成的，作为生物的人类自然也包括在内。对一栋建筑物进行景观照明设计时，同时要考虑当地动植物的种类、生长状况及分布情况、现在及将来的发展变化规律。还要对周边的花草、树木、休息设施等进行辅助设计，从而形成一个完整的灯光景观整体。（图3-4）

图3-3 滨海建筑的灯光需注意海水、海风的腐蚀

图3-4 辐射光谱中不同波长的光对植物有不同的效应，其中紫外线辐射的负面影响最大，会减少植物叶面积、降低光合作用和生产力

人文环境

人文环境是人类社会发展后期形成的所特有的一个很综合、很全面的生态环境，包括政治、文化、艺术、科学、宗教、美学等方面内容。人文环境是文化积淀的反映，同时文化也在慢慢地影响环境。比如在中国的文化背景里，红色代表着幸运、财富和吉祥喜庆，而在西方人的观念里，红色是血的颜色，表示冲动、挑衅和动乱。信奉伊斯兰教的民族喜欢黑色、白色，中国人则认为黑色和白色不吉利。（图3-5、图3-6）

图3-5

图3-6

人文环境不良的方面有光污染、视觉污染、颜色污染、心理污染等。从现有照明设置的灯光来看，主要存在以下四个方面：①被照明区域或物体在灯光的照射下，上空形成很大的光晕，使被照物的夜间形态不美观，形成很大的光污染（图3-7），根据建筑特色选择恰当色温的灯具，把被照物的夜间形态尽可能全面凸显出来，形成夜间的一道美丽风景线（图3-8）；②不分场合采用大面积投光方式，使被照物没有层次感和立体感，造成光污染，严重干扰人们的正常生活（图3-9），根据建筑物层层上升的特点，灯光色温层层递进打造，让建筑在夜间有种天上人间的感觉（图3-10）；③使用了大量大功率激光灯，在建筑、城市上空形成大量光柱，使城市上空形成光污染，严重影响天文观测及飞机降落和人们的生活（图3-11），在不影响居民生活和城市照明规划的条件下，可以适当地使用一些空中玫瑰（一种投光灯）增加城市上空的活跃度，这也可以提高城市的经济效益（图3-12）；④设置在沿路建筑、园林、绿地、道路、雕塑以及景观周边的某些灯具对行人、车辆以及在该区域休息娱乐的游人产生干扰视线的眩光，破坏了休息的环境且危害行车安全（图3-13），在园林、绿地、道路中可以适当布置一些景观装置，不仅可以美化环境，还可以给人们提供一个休息点和观赏点（图3-14）。

图3-7

图3-8

图3-9

图3-10

图3-11

图3-12

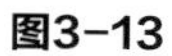

图3-13

图3-14

空间环境

当一个建筑处于既定环境中时，总会给周边空间关系造成新尺度空间的设定，好的或坏的影响都有。在人造光有意的重新塑造下，这一区域的夜间空间关系会产生更为明显的变化。

区域空间

在进行照（亮）度值的确定过程中，一定要考虑两方面因素的影响。

1. 照明前景。照明前景也就是被照物体，是相对于照明背景而言的。不同的被照物有着不同的物理特性，如被照物的颜色及反光特性。在进行彩色光的运用时，一定要考虑好被照物的反光特性，不同质地、不同颜色、不同形状的物体具有不同的反光特性。另外，对于具有透光性的物体也要考虑其透光系数及反光系数。（图3-15、图3-16）

图3-15

图3-16

2. 照明背景。照明背景是指被照物体周围的环境光及相邻建筑（景观）的光照情况。明亮永远是相对的，依背景而立，并随环境的明暗而变。如果被照建筑物的背景较亮，则需要更多的灯光才能获得预期的照明效果；如果背景较暗，则较少的灯光就能达到所需要的照明效果。总之，要想突出照明前景的效果，就一定要使照明前景的亮度高于照明背景的亮度。（图3-17、图3-18）

图3-17

图3-18

内外空间

要做好整体项目，需考虑室内外光环境的影响，比如入口，如果大堂比较通透明亮，外面无须做太多灯光；反之，作为入口，里面不够亮时，外面必须加强灯光。（图3-19）

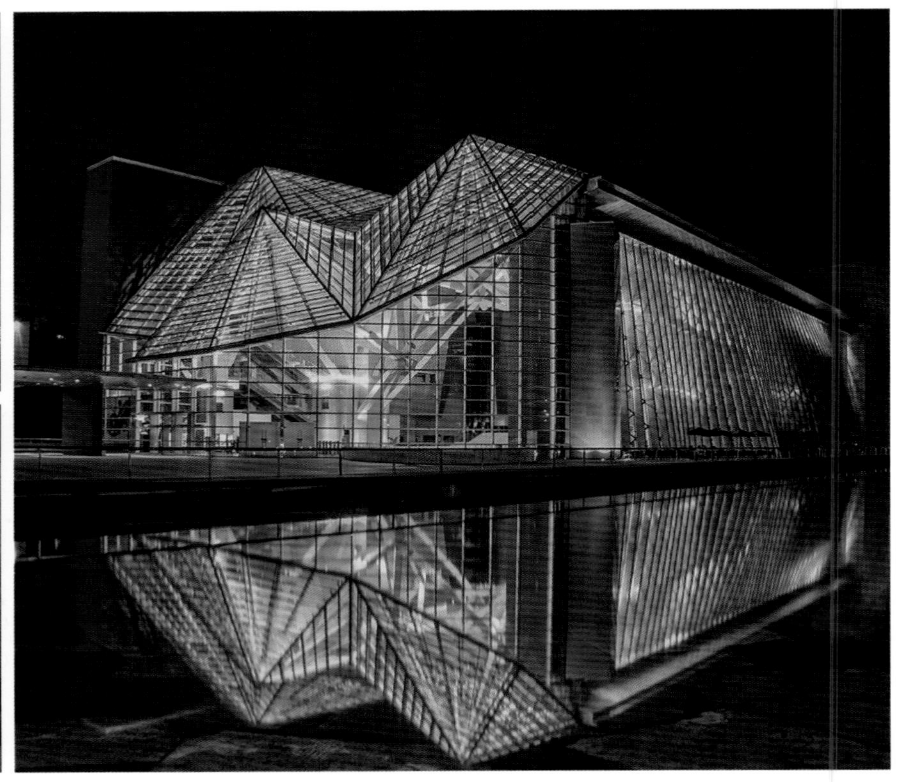

图3-19

02

结构因素

建筑构造技术随着建筑材料技术的发展而日新月异。结构技术、施工技术的不断发展，也对照明设计提出了新要求。对建筑来说，夜景照明能够突出建筑物的形象，使建筑物的特征更为个性化，增加建筑物的艺术感。表现建筑形体又依附建筑而存在的外部照明，被制约的同时又更能发挥照明对视觉效果、眩光、均匀度等的影响。

图3-20 灯具成为一种建筑肌理，可作为建筑材料使用

视觉效果

夜景照明对建筑白天的视觉效果也会产生影响。人们常说，城市夜景照明设施是白天看景，晚上观灯，要求白天晚上都应美观，并和周围环境互相协调。（图3-20）

有些灯具晚上的照明效果不错，但无论是灯具，还是灯具支架的造型、颜色等都粗制滥造，很不美观，和建筑外立面造型很不协调。所以，我们一直强调的让光成为建筑材料，即是强调杜绝此现象发生。（图3-21）

图3-21 灯具粗劣地附着在建筑上，夜间眩光十分严重

灯位的控制

一般而言，同样出光角度的灯具投射光的布置角度、远近不同，所呈现的光斑效果有很大区别，如安装在建筑上、安装在地面上、安装于相邻的建筑上，且同位置水平或垂直方向所看到的景致都会有不一样的效果。（图3-22）

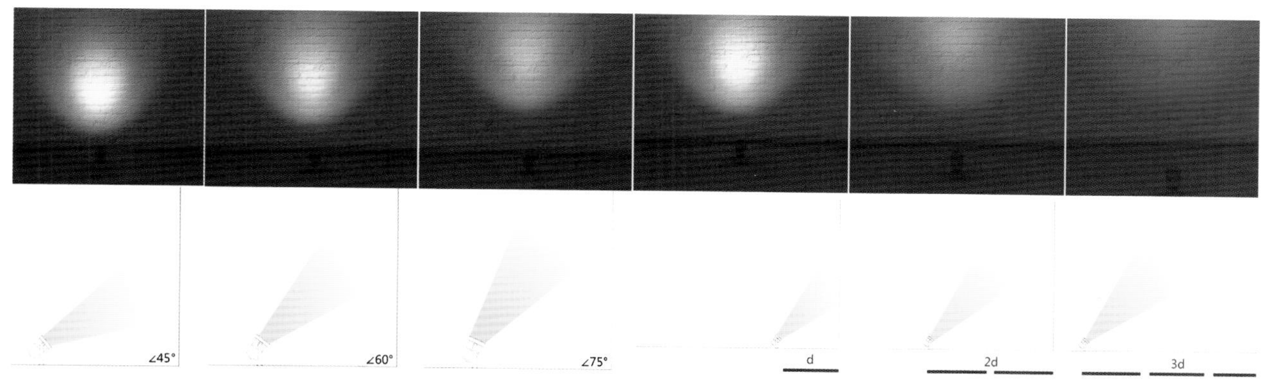

图3-22 不同角度及不同位置的灯光效果

光源

灯具光源主要有HID光源和LED光源以及OLED光源等。选择光源时，要考虑建筑材料的表皮材质与色彩，选择合适的光源可以很好地融入建筑结构中，从而达到建筑与光完美的协调统一。（图3-23）

	传统光源 （HID光源为例）	现代光源 （LED光源为例）	未来光源 （OLED光源为例）
结构特征	HID是高压气体放电灯的总称 以市场上运用较多的金卤灯为例，体量相对比较大 光源比较成熟稳定	新型绿色环保材料 体积小，灵活多变，可以组合各种灯具 色彩丰富，能变化为各种图像	OLED即有机发光二极管 OLED的特性是自己发光，反应快、重量轻、厚度薄，构造简单
灯具结构对建筑的影响	与建筑结构契合度良好 主要应用在基础产品和高端产品之上，高端产品方面主要是因为其色彩稳定性好	与建筑结构契合度较好 灯具能很好地融入建筑中，表现形式多变 色彩丰富多变	可与建筑结构高度融为一体，不需要背光源，因此可视度和亮度均高 现主要是建筑室内空间运用较多
建筑的视觉效果呈现			

图3-23 不同灯具光源对比分析

均匀度

建筑结构的稀疏、间距及材质对均匀度都有影响，如媒体幕墙成像需满足一定的均匀度条件，建筑结构表面材质、铝板与铝板之间、柱子与柱子之间结构太宽，均匀度均会受到影响。（图3-24、图3-25）

图3-24 建筑立面结构相对比较平均，可视性良好，在江面有很好的视觉成像效果

图3-25 建筑立面结构相对不规则，整个立面有玻璃、铝板，结构突出面不一，需结合建筑选择合适的照明方式

03

材料因素

建筑是城市照明的主要载体之一，建筑的外墙则是城市照明的主要界面之一，因而外墙材质是首先应该考虑的照明因素。根据建筑外墙材质的不同，常见的建筑墙面可分为以下几类：石材墙面（包括人工和天然）、玻璃墙面、砖墙面、外挂金属板墙面、混凝土墙面、外挂陶瓷板墙面、各种涂料墙面、木材墙面等，灯光在不同材质墙面会呈现不同的效果。（表3-1）

表3-1 常见建筑墙面材质对比分析

材质分类		肌理特性	照明形式
石材	镜面材质	表面光滑，有镜面特点	不宜近距离投光，直接照射易产生眩光
	细面材质	表面光滑，但无镜面特点	可近距离投光，但投光需要均匀
	粗面材质	表面较为粗糙，人工痕迹明显	可大面积投光
	粗岩材质	石材原面貌明显	在避免眩光的前提下，注意投光角度，可采用大面积投光
玻璃		表面光滑，透光性较好	不宜直接投光，以内透光为主
砖		质感明显，不透光	可大面积投光，也可根据具体的质地颜色有选择地进行照明处理
金属	磨砂金属	表面光滑，光泽度相对较小	可根据一定距离选择合适投光角度投射，避免产生眩光
	光泽金属	表面光滑，反射效果明显	一般不采用直接照射，主要以间接照明为主
混凝土	清水混凝土	水泥质地，表面较为光滑，不透光	以暖色光照射为主，照明方式多样，可大面积投光，也可采用合适角度重点投光
	彩色混凝土	水泥质地，表面较为光滑，色彩丰富，不透光	以暖色光照射为主，照明方式多样
陶瓷		表面光滑，肌理色彩丰富	易产生眩光镜像，可选用显色性较好的光源投射，照明方式多样
涂料		耐脏性差，色彩丰富	不用过多照明处理
木材		纹理色彩丰富	在考虑镜面反射的前提下，可正面投光，也可选择合适的角度投射
塑料		材料丰富，较为轻盈	可选择合适角度投射

石材墙面

石材是建筑中最常用的外立面装饰材料之一，根据石材表面加工方式可以分为四类。

镜面板材：表面平整，有镜面光泽。其镜面反射的特点，不宜于近距离投光，否则会在墙面上映射出灯具和光源的镜像，产生眩光。（图3-26）

细面板材：表面平整、光滑，自身凹凸质感不强烈，但无镜面光泽。如果为一平面，比较适宜较近距离均匀投光，产生自下而上均匀变暗的光晕，也可以考虑创造出有韵律感的光斑以活跃立面效果。一般根据石材本身的色彩选取光色，宜用暖色光，给人以亲近感。（图3-27）

粗面板材：表面较为粗糙，有较规则的加工条纹，比如机刨板、剁斧板、锤击板等。这些多种多样的花纹板材是人工照明表现质感的好材料。对于这类材质，如果用较正面的大面积投光会削弱板材自身的凹凸质感；若以较大入射角投光，不同方向的花纹对光线起不同反射，会造成一种类似锦缎闪亮或金属感的效果。（图3-28）

粗岩板材：石材表面保留了原始岩石的粗犷感觉，凹凸剧烈，强调石块最原始的感觉。这类材料通常不在建筑立面中占主要面积，且一般位于建筑底层基座，但在立面中非常突出，是表现的重点。由于要突出表现其天然粗犷的质感，一般宜采用埋地投光灯，以较大入射角投光，强调其立体效果，只是要注意投光灯的防眩光措施。光色宜采用暖色，也可以用钠灯这样的暖黄色光源，缩少与人们的距离感。图3-29建筑采用了这种做法，给人们以庄重感和沧桑感。

图3-29 暖黄色光源给人以庄重感和沧桑感

图3-26 背景材质较平滑，颜色较浅效果

图3-27 背景材质光泽感强，光色与石材均偏暖效果

图3-28 背景材质纹理感强，光色与石材均偏暖效果

玻璃墙面

玻璃是现代建筑最常见的可采光的外围护结构材料，其从单一的采光功能扩展到墙体围护、隔热、反射、装饰等多种功能，而且在建筑立面上的面积也越来越大。由于玻璃的透光率较高，没有大量漫反射光线进入人眼使其被看到，也就达不到让玻璃亮起来的效果。它的光滑表面还会产生一定的定向反射，使人在某一角度观察时受眩光困扰。如果是镀膜的镜面玻璃，还会形成镜像，产生严重眩光。（图3-30～图3-33）

玻璃的照明方法：

1. 不适宜进行投光照明，主要采取内透光方式；

2. 可以通过将精巧的桁架结构体系用投光灯打亮，表现出玻璃的通透、结构的精致；

3. 还可以利用玻璃幕墙的勒线走向安装塔顶灯具，表现轮廓形态等。

图3-30 法国卢浮宫前的金字塔，到了夜间内部桁架通亮，整个玻璃塔身晶莹剔透

图3-31 曼哈顿生机勃勃的夜景是利用室内的灯光照明，晚上不熄灯，光线向外透射，在晚间，随机而自由的光线从窗户倾泻出来，使城市富有生气

图3-32 深圳证券交易所在室内近窗处专门设置内透光照明设施，形成透光发光面来表现建筑夜景氛围，从外面观看很有特色

由于玻璃本身具有载光弱的特性，因此加彩釉点的彩釉玻璃也被广泛应用。

图3-33 台湾大立精品百货大楼

砖墙面

在传统建筑中，砖是最常用的建筑材料。由于砖是砌筑使用的，除了材质本身的粗糙质感外，砖缝凹凸也是值得照明表现的部分。所以，建议对砖墙采用较大入射角度的投光照明，也可以考虑塑造有节奏感的光斑增加效果。青色砖可以采用暖白色光；赭红色砖更适合用暖黄色光，可以强调出它的红色色泽和温馨感。（图3-34、图3-35）

图3-34 图中老建筑采用了红砖，而且多使用暖色光照明，使建筑倍添年代感

图3-35 图中是青色砖墙面，选用了暖白色光和大入射角投光的照明方法，效果很好，在夜间可凸显砖的材质，显示出悠久的年代感

外挂金属板墙面

金属板是近年来现代建筑中常用的高等级墙面装饰建筑材料，这类板材表面平整光滑，但金属光泽感不强烈。可以采用投光的方式照明，但是比较适宜从一定距离、以中等或较小入射角从正面投光来照亮墙体。如果过于贴近材料，会在其表面产生镜像，从而引发眩光。（图3-36、图3-37）

铝板表面平整均匀，适合表现细腻的画面层次，表现力丰富。

图3-36

图3-37

混凝土墙面

建筑外立面的装饰混凝土有清水混凝土和彩色混凝土两类。彩色混凝土在国内的实例还不多见，故在此主要讨论清水混凝土。清水混凝土的色彩取决于所用的水泥颜色，通常为无彩色；表面质感取决于其原材料配比和不同的模板浇灌脱模工艺。最终表面效果可以很平滑，也可以是较粗糙的，可塑性极强。由于其本身颜色较深冷，跟人有距离感，建议采用暖色且显色性较好的光源。混凝土墙面的照明方式比较灵活，可以采用远距离、大面积投光，也可以选用突出表现其粗糙质感的大入射角投光方式。大面积的清水混凝土墙面，可通过有韵律感的光斑增加其生动性。

在大多数人的印象里，清水混凝土制造的空间是粗犷的、冰冷的，用在建筑上给人的感受是力量的美，是原始的美，但它也可以有别样的景致。如图3-38，在灯光的作用下，混凝土所传达出来的视觉效果很优雅。

图3-38

外挂陶瓷板墙面

用于建筑外墙的陶瓷主要有外墙面砖和陶瓷锦砖（马赛克），分为有釉和无釉两种。釉的表面较容易产生眩光和镜像，照明时需注意投光距离和入射角度。外墙面砖可以根据需要加工成不同的质感肌理及色彩，可选择范围很大。陶瓷锦砖的主要特点是可以有多种色彩，能适应各种曲面，照明时要注意选用显色性较高的光源，避免使用低显色性的光源。（图3-39）

图3-39

各种涂料墙面

外墙涂料色彩丰富，造价较便宜，但涂料耐久性差，容易被污染。由于涂料形成的色彩表面颜色均匀、层次单一，一般用投光的方式表现。

木材

木材是一种重要的建筑材料，我国古代建筑多采用木材建造。在我国，古建筑基本使用其作外立面装饰以展现木材天然纹理和色彩。此外，古建筑中也常与油漆合用，在此不讨论。一般也是用投光方式表现，照明时注意选用显色性较高的光源。（图3-40、图3-41）

图3-40

图3-41 京都虹夕诺雅温泉酒店，建筑大部分以木材为主要建筑元素，是现代风格与传统日式旅馆风格的完美结合，很好地表现了酒店的静谧感和温馨感

04

功能因素

建筑的发展已经从其本义发展成为更具精神性的创造，其文化特质也反映在人类社会的文明进程当中。建筑文化和其他文化一样具有继承性、革新性、阶级性、民族性和地域性，不同时期又形成了建筑文化的多样性。而以上特性还与政治、经济和其他文化一起起作用，且与其他文化相比更为多元。自然，建筑的功能诉求也就尤为多样。（图3-42）

图3-42 天安门建筑夜景

古建筑夜景照明

1. 鉴于中国古建筑的布局、形态色彩和用途与现代建筑不同，因此夜景照明的用光、配色、灯具造型均应突出古建筑特征，并力求准确地表现其特有的文化和艺术内涵。

2. 通过照明的亮度和颜色的变化，既要显现出建筑物的轮廓，又要尽可能清晰地展现细节部位，如斗拱彩画等装饰细部的特征，并使其具有最佳的层次感和立体感。

3. 由于古建筑一般比较旧，表面的反光系数较低，故按亮度标准设计为宜。

4. 照明光源必须具有良好的显色性能，用光以暖色调为主。色彩力求简洁、庄重和鲜艳，灯具造型应和古建筑协调一致，尽量隐藏并富有民族特色。

5. 照明设备具有防火、防水及防腐蚀性能，管线设备安装应谨慎，切勿损坏古建筑、文物或遗迹、遗址。

6. 整个照明设施应便于维修、管理。（图3-43）

图3-43 颐和园建筑夜景

商业建筑夜景照明

商业建筑是主要用以提供商品交换和商品流通场所的建筑，包括零售商店、商务办公楼以及商业综合体，如购物中心、商业中心、商业Mall、酒店、办公楼、SOHO等各类服务业建筑。（图3-44）

商业建筑的特征

1. 商业建筑的构成元素基本相同，如广告位、标牌、橱窗和遮阳设备等。

2. 独立的综合商业大厦、超级市场等建筑物的规模大小、结构形式、建筑造型和体量都具有较强的多样性。

3. 商业综合体的特征主要有高可达性、高密度性、集约性，位于城市交通网络发达、城市功能相对集中的区域；建筑风格统一，各个单体建筑相互配合、影响和联系；与外部整体环境统一、协调；功能具有复合性，实现完整的工作、生活配套运营体系，各功能之间联系紧密，互为补充，缺一不可。

照明设计要点

1. 了解其商业、文化、人文背景，通过其品牌背景后的文化内涵来定位在灯光照明设计方面该运用什么样的照明方式，以更好地诠释其品牌商业建筑的夜景照明。首先要做好统一规划，不能孤立地进行设计，设计时要综合考虑广告、标志、橱窗、路灯和周围建筑照明的影响。

2. 夜景照明的光色应丰富多彩，并使用动静结合的照明方式，以造成强烈的视觉冲击力，从而吸引顾客。

3. 入口照明应做到有特色、有吸引力，用光用色要醒目，通常这部分的亮度应比它周围的亮度高2～3倍，巧妙地使建筑与灯光融为一体。

4. 关于商业建筑立面照明，需解读建筑特征，了解建筑师的设计构思和意图，确定好立面照明的总体效果及照明的重点部位，根据街区照明确定亮度水平及基本格调，选择合理的照明方法。灯具的选型应和整个建筑及周围环境协调一致，做到不仅在功能上合理，而且在白天使行人看了也感到美观舒服。协调好与商店店头照明、灯光广告照明及商店窗户外透光线产生的照明效果，乃至其和旁边商店照明的关系，从而创造出重点突出、富有个性、和谐统一的总体照明效果。

5. 随着商业地产诉求的多元化和照明技术的进步，照明从业者需要不断更新照明设计理念，需要以使用者的需要为根本出发点，考虑人流的引导性、行人的安全性、照度标准的控制、眩光的控制、色温与色彩的搭配，需要从业主诉求出发考虑如何具有创意性，吸引人流，增加商业氛围照明效果与能耗节约的平衡等因素。（图3-45）

图3-44 上海浦东陆家嘴地区的不少办公楼均属于商业建筑，但为满足大量办公人员的生活需要，开放型中庭和底层对外服务的裙房布局正被广泛采用

图3-45 商业综合街区建筑夜景

公共建筑夜景照明

公共建筑一般体量较大，结构复杂，有着明显的时代性，空间和功能多样化，最大的特色是公共、开放，人流交通量巨大。包含办公建筑、旅游建筑、科教文卫建筑、通信建筑以及交通运输建筑。此类建筑的夜景照明设计需注意以下方面。

1. 合理的功能分区规划。了解空间构成、功能分区、人流组织与疏散以及空间的体量等相关问题。

2. 在夜景照明总体规划的指导下，精心设计单体建筑的夜景照明方案。照明方案不能一般化，要力求准确反映建筑特征和文化艺术内涵，创造特色鲜明、文化和艺术水平高的夜景照明精品。

3. 夜景照明根据空间场所功能需求以及特殊场所需做相应的分时段控制，如体育馆的赛前和赛后时段。（图3-46）

4. 夜景照明的技术和艺术水平需与时俱进，反映建筑特性，如新光源和新灯具的应用。

5. 一般来说，大型的公共空间采用多元空间立体照明方式为宜。设计时注意防光污染和光干扰，特别是指挥塔照明的灯光不能干扰室内指挥工作。（图3-47）

图3-46 德国慕尼黑奥林匹克体育场照明设计，赛前整体建筑体块及入口区域照亮，可以传达强烈的导向性指示信息，而赛后仅强化场馆内的亮度

图3-47 新加坡Supertree建筑的18棵Supertree，其中11颗还安装了太阳能光伏电池介质。塔状垂直结构的树形花园，高25~50米，可吸收雨水，生成太阳能供夜间照明，是科学技术应用与绿色照明相结合的经典案例

办公建筑夜景照明

1. 根据办公楼的类别、规模、建筑特征、使用要求、地理位置和环境条件确定夜景照明观景视点、照明的重点部位、照明方式和方法，并处理好与周围环境，如建筑物或构筑物、园林、绿化、山水等夜景照明的关系。

2. 办公建筑，特别是行政办公大楼的夜景照明，应力求庄重、大方、恢宏、协调、亮丽。为此，照明的照度或亮度必须严格按标准设计。设计时，一般用白光或暖色光照明，应十分谨慎地选用彩色光。对专业性、出租性和综合性的办公建筑而言，照明可适当放宽对颜色的选择，但照明的基色不宜用彩色光，局部使用点缀色的种类也不宜过多，通常用1～2种为宜。（图3-48）

3. 设计好办公建筑入口和大楼标志，特别是政府大楼上的国徽或军徽的照明。对大楼入口照明，在使用局部重点投光的同时，注意利用好雨棚上和大门内的灯光，所有灯光都不能对出入行人产生眩光。对大楼标志的照明，照明亮度一般比背景亮度高3～5倍，照明方法宜用局部投光、背光或内投光，视具体情况而定。

4. 高层或超高层办公大楼，应考虑建筑与城市的空间关系，设计好楼顶部分的照明；充分利用大楼的内透光，加强裙房的照明。

5. 由于办公设施趋向现代化、自动化和信息化，办公楼夜景照明的光源、灯具和照明控制及管理系统等也必须与办公设施相匹配，力求现代化、自动化、信息化和智能化。

图3-48 室外每一层窗户挑檐的灯光以及镂空拱形塔顶灯光完美地展现了建筑柔美的曲线，漫步于银河SOHO，让人仿佛置身于灿烂的银河星系，充分地体现了该建筑空间的独特性

居住建筑夜景照明

居住建筑重在追求舒适、安静，其夜景照明和其他建筑不同之处是不允许光线进入居民的室内，产生光干扰，影响居民的生活、休息和私密性。居住建筑夜景照明设计方法归纳起来有以下六种。

1. 结合建筑采用轮廓灯照明。这样光线不会照进居民家区，效果良好，能防止灯光对居民的生活与休息造成干扰。

2. 突出楼顶和檐口的照明。这对塑造城市夜间天际线、确保远视整个城市夜景照明的总体效果以及消除城市暗区很有帮助。（图3-49）

3. 阳台照明。运用住宅的阳台特征，结合空间采用防眩光灯具，既不影响居民休息，又具有良好的夜景照明效果。（图3-50）

4. 窗间墙或山墙局部做装饰照明。可提升整个居住区的气质。

5. 局部投光照明。在部分实墙上安装局部照明投光灯，照明光束严格控制在墙面，无溢散光进入室内，也可达到良好的夜景照明效果。

6. 内透光照明。大量的超高层居民楼群，利用室内灯光使窗户形成发光面装饰建筑夜景，从高处远视，形成万家灯火的夜景照明效果，十分壮观。

图3-49 台北冠德天尊住宅建筑夜景

图3-50 广州南沙滨海花园项目灯光设计

05

经济因素

建筑照明事业的飞速发展，在发挥其美化环境、产生社会效益作用的同时，正逐渐发挥着它强大的经济价值。良好的照明设计给商业建筑、旅游地产带来更多经济效益，比如旅游经济、休闲娱乐经济等，有人称之为花钱最少、最能出彩的“夜景经济”。

夜景照明带来的经济效益是不便于计算的，有时甚至不是直接看到的。另外，尊重投资方的经济目标，也是定位方案合理性和可行性的标准之一。所以，我们在实际设计过程中，如何充分调研、分析，进行有创意、有灵魂的合理设计，真正做到“少即是多”，成本分析是一个必不可少的考虑因素和环节。

恰到好处的方案表达、合适的灯具材料采用、与功能匹配的维护成本分析、环保因素、投入和产出比例，都是设计师需要统筹和关注的要点。

4

第 4 章

Chapter 4

建筑照明方式

Modes of Architectural Lighting

01

投光照明

投光照明，顾名思义是将光直接或间接地投向被照物体（建筑）表面。通过光的投射面形成的明暗、排列、均匀、渐变等灯光效果在夜间重塑建筑的形象，将建筑的造型、体量、材料、颜色等装饰细节完美呈现或重点强调，使其更具品质和艺术魅力。

投光照明的形式和特点

投光照明应考虑建筑的体量、外观、色彩、风格、材料质感及周边环境等因素，然后根据建筑的不同特点，选择重点表现的部位，采用恰当的照明方式，合理搭配光色，对建筑形体进行夜间表现。投光照明是建筑照明的基本方式，分为整体投光照明（泛光照明）和局部投光照明。

将投光灯安装在建筑体外，如地面、其他建筑上或建筑自身墙体上，打亮整体面或局部面，是夜景照明最为常见、也最易出效果和最为简洁的照明方式。（图4-1）

图 4-1

投光照明的要点

1. 要确定好被照建筑立面各部位表面的照度及亮度、与周围环境的亮度对比，同时确定建筑物表面明暗关系，增加照明层次感。一般不必把建筑均匀照亮，但也不能在同一照射区内出现明显的光斑、暗区等光照不均匀的情况。（图4-2）

图 4-2

2. 选择控光性能优越的专业级灯具，同时合理选择投光方向和角度，防止产生眩光和光干扰。投光灯具安装应尽量做到隐蔽或伪装，不影响建筑白天时的美观，尽量见光不见灯。（图4-3）

图 4-3

局部投光可利用建筑物本身的构件或部位，如建筑物的外廊、阳台、悬挑遮篷等出挑构件，屋顶阁楼、构架等屋面附属部分，以及立面花格遮阳等建筑物的装饰构件，作为小体积的投光灯“藏匿”之所。也可利用建筑物檐口、墙体等部位暗藏线型灯具。（图4-4、图4-5）

图 4-4

图 4-5

3. 突出被照建筑物的主要细部，使人们欣赏建筑之美，看清细节材料的颜色、质感和纹理。（图4-6）

图 4-6

投光照明的实施方式

投光照明就是将投光灯安装在建筑物外或建筑物上，直接照射整个建筑物或建筑物的某个部分，在夜间重塑及渲染建筑物形象的照明方式。

安装在建筑物外的照明方式可分为立杆投光照明、埋地投光照明。（图4-7～图4-10）

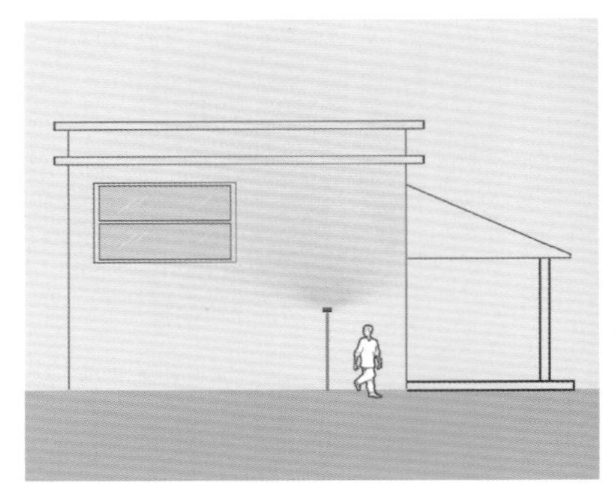

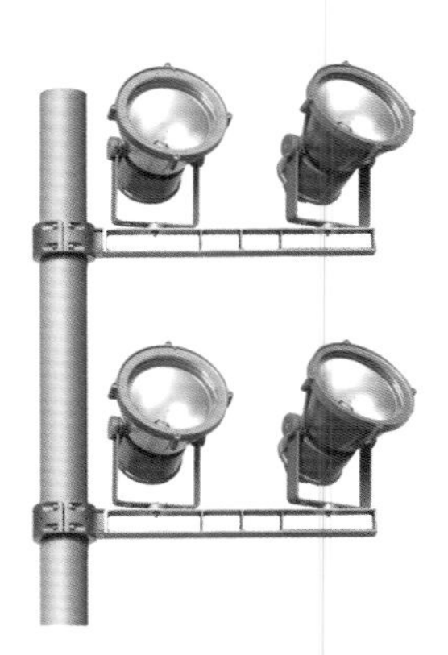

图 4-7 立杆投光照明

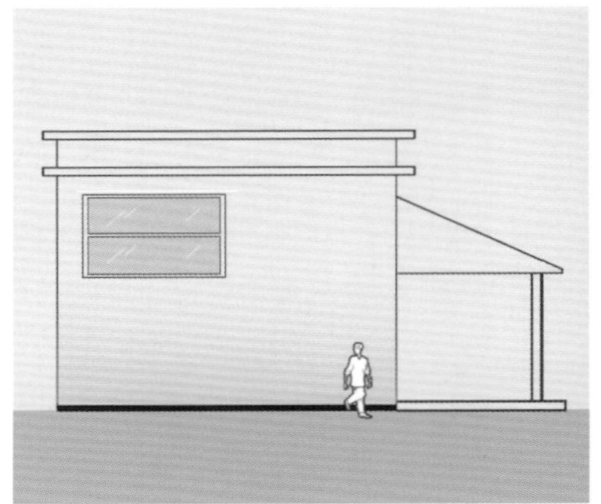

图 4-8 线型埋地投光照明

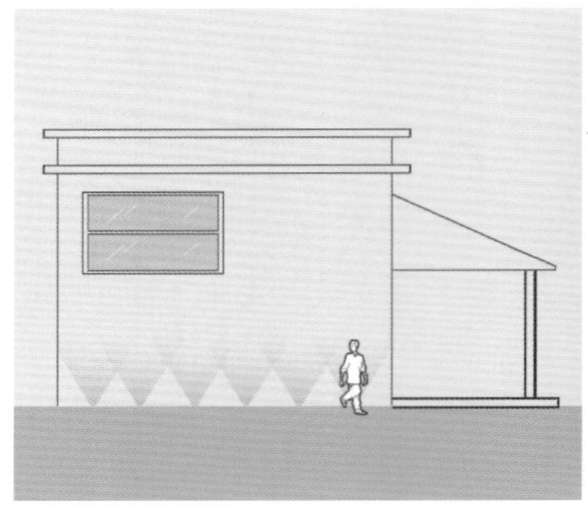

图4-9 点状埋地投光照明

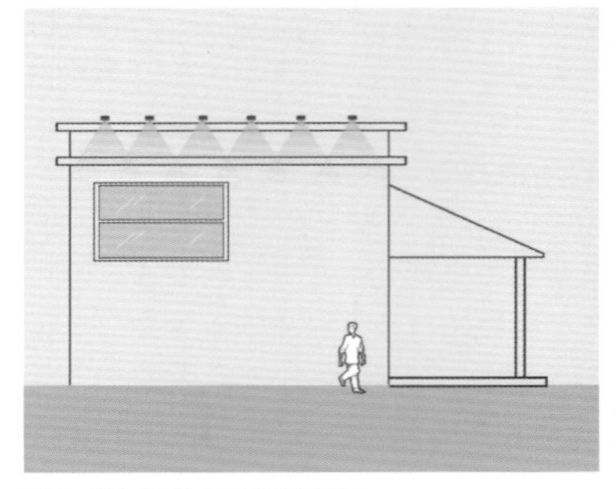

图4-10 明装点状投光照明

安装在建筑物上的照明方式可分为独立于建筑结构之外的明装投光照明与和建筑结构结合的隐蔽安装投光照明。（图4-11～图4-13）

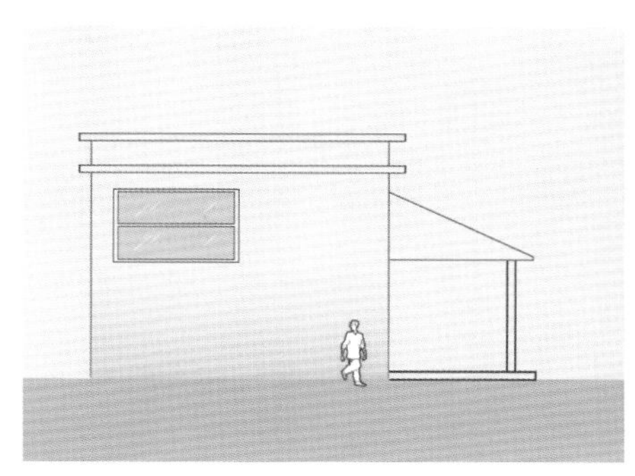

图4-11 明装线型投光灯

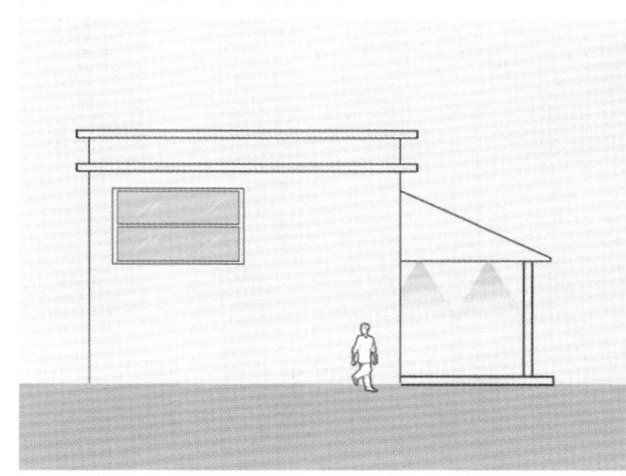

图4-12 暗装点状投光灯

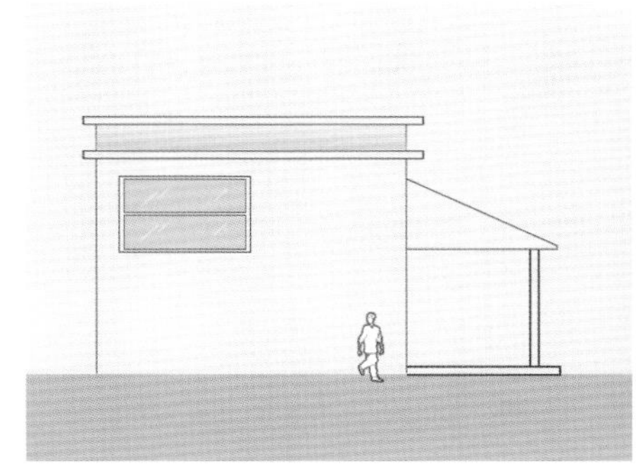

图4-13 暗装线型投光灯

灯具有很多时候无法暗藏，但直接明装会严重影响建筑物白天的观感，这不是建筑师想要的。因此，我们在明装灯具时也需要通过环境隐匿灯具，或设计艺术造型将灯具融入环境。

02

轮廓照明

轮廓照明是利用灯光直接勾画建筑物或构筑物等被照明对象轮廓的照明方式。它是以黑暗夜空为背景，将光源沿被照明建筑形体和装饰细部安装，把建筑物的轮廓勾画出来。它常使用串灯、霓虹灯、美耐灯、导光管、通体发光光纤灯、线型灯饰等器材进行照明。

轮廓照明的形式和特点

轮廓照明在建筑上的应用有多种形式，分别是点状轮廓灯、线型轮廓灯、面型轮廓灯。轮廓照明的使用应遵循小范围、情趣化的原则，在建筑物（群）的局部使用，避免大范围使用，与建筑物结构相结合，利用建筑物局部圆弧等结构，或者采用乱序布灯，颠覆轮廓勾边的呆板无趣，营造与建筑物定位相一致的情景照明。

轮廓照明的实施方式

点状轮廓灯实施方式是以点光源（白炽灯、节能灯、LED等）沿建筑物外沿布灯，以点连成线，勾勒出建筑物轮廓。（图4-14）

线型轮廓灯实施方式是以连续性线型光源勾勒建筑物轮廓，这也是目前使用最多的照明方式。（图4-15）

面型轮廓灯实施方式是以发光面（投光、内透、背光板等）勾勒出建筑物轮廓，也可被认为是一种轮廓照明设计。（图4-16）

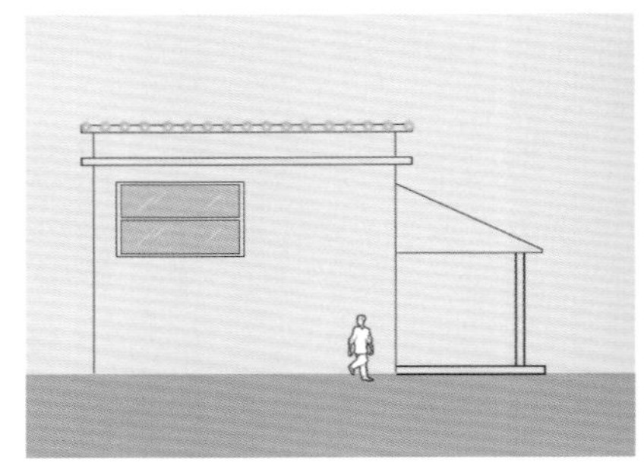

图4-14 点状轮廓灯

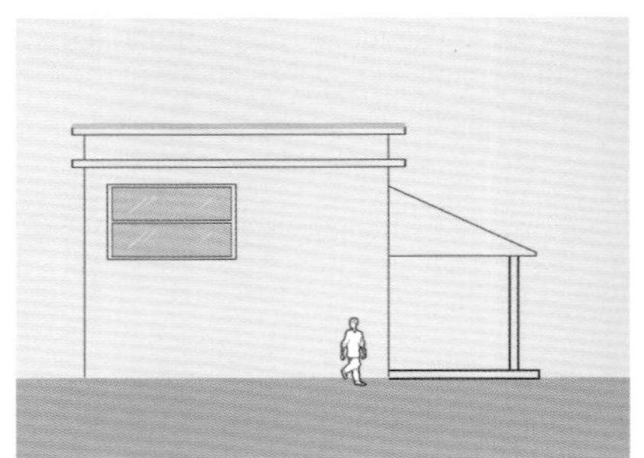

图4-15 线型轮廓灯

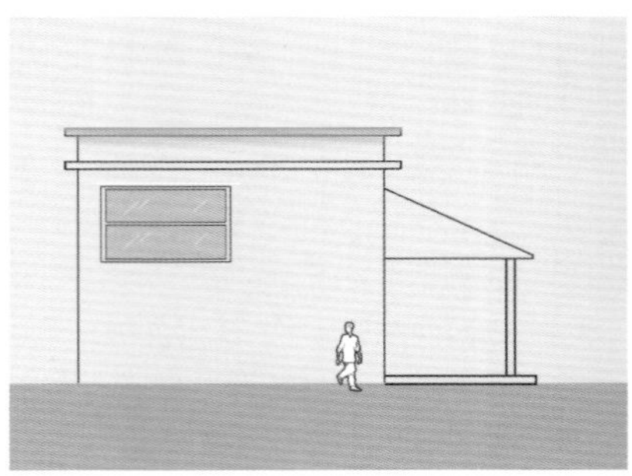

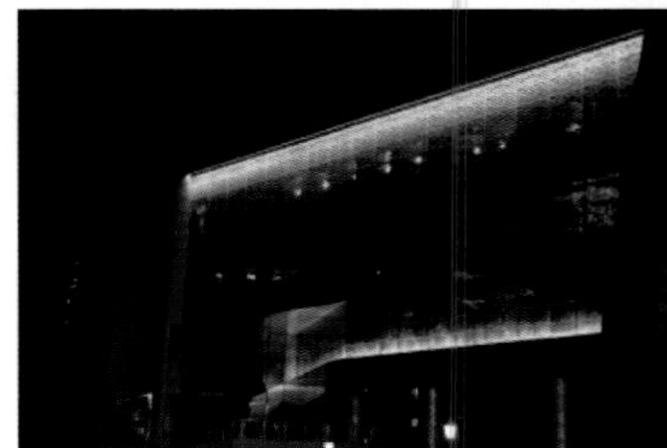

图4-16 面型轮廓灯

03
内透光照明

内透光照明是将光源直接安装于建筑物内，透过玻璃向外发光。常见的设计方式有室内灯光反射、光带支架照明和灯光直接向外照明等。

内透光照明的形式与特点

内透光照明这种设计方式的最大特点是在达到立面景观照明效果的同时不用在建筑外边设置灯具，保证了建筑外观的整齐，其利用室内的照明器，既节省费用，又维修简便。

内透光照明能够最大限度减少对城市环境和城区天空的光污染。我们经常讨论绿色照明，而在夜景照明中合理地使用内透光设计或许就是绿色照明理念的一种有效体现。

内透光照明能营造更多的景观变化。由于内透光照明是以一个个窗口作为独立单元进行灯光设计，然后再构成一个整体景观，因而，不同单元之间的相互组合可以演化出极多的变化，这就使得用内透光方式设计的夜景景观可以演化出非常多的图案，能更好地满足人们赏景时求新求变、希望看到更多景致的心理，使建筑能在不同时间以不同的夜景面貌来展示自身形象、烘托环境气氛。

内透光照明与外投光照明的维护管理相比有很大的不同，总的来说应该是更方便、更安全。内透光照明虽然照明设施的布置点多且比较分散，但是它们大多位于室内窗口处，检修比较容易。另外，安装在室内的照明设备不会受到环境污染的影响或人为的破坏，增加了灯具的使用期限。（图4-17～图4-20）

图4-17

图4-18

图4-19

图4-20

内透光照明的实施方式

1. 在靠近窗口的房间顶棚上设置灯具，利用房间的功能性照明作为建筑的内透光照明。

通过照亮顶棚表面及墙面来形成内透光效果。即在夜晚让房间的照明仍保持开启，照亮房间内部，这种方式不仅可以作为房间内的功能照明，也可以营造出明亮、通透且有纵深感的内透光效果。（图4-21）

图4-21

2. 在窗口的上檐或下檐设置灯具。

灯具的配光可以选择直接与间接两种形式，既可以下射光通，用来照明窗口，又能斜向上射光通，用来照明靠近窗口的房间顶棚，使照明效果向室内延伸。（图4-22、图4-23）

图4-22

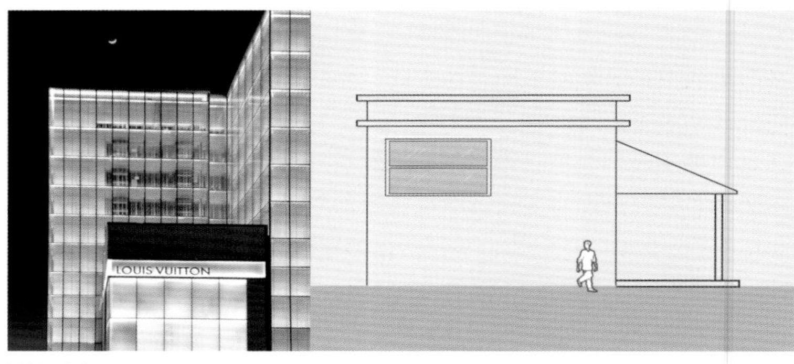

图4-23

3. 背板内透光照明。

①需在窗口内侧配置窗帘，灯具的配光为向内侧的斜照形式，通过被照亮的窗帘来展现窗口的内透光效果。窗帘可以有多种材料的选择，也可以有颜色上的变化，因而可以使透出窗外的灯光形成不同的色彩和质感。（图4-24）

②有些建筑内部靠窗附近设有墙体。如楼顶的电梯间或设备间，建筑以钢结框构架作为墙体的支撑构件，外衬玻璃幕墙。对类似这种情况，可以选择采用一些小型泛光灯来照亮墙面或钢结构框架朝向室外的一侧，让被照亮的墙面或金属构架的反射光透出玻璃，形成一种有组织的光影图案的内透光效果。（图4-25）

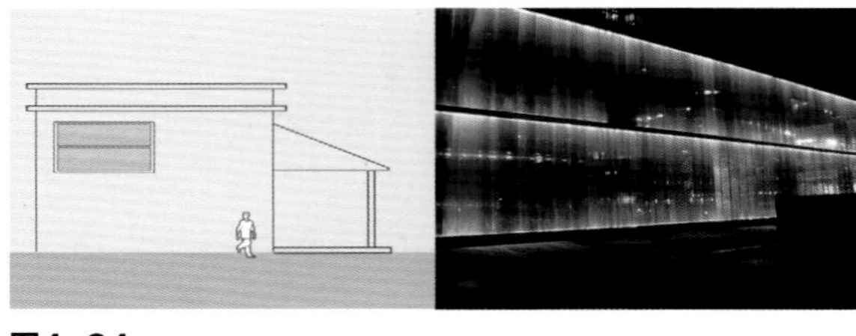

图4-24

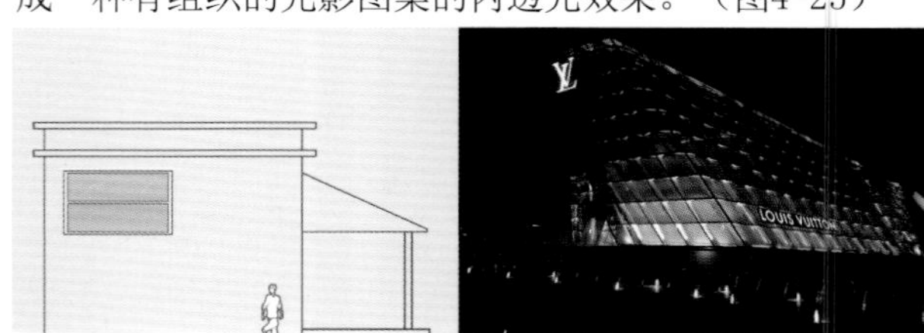

图4-25

4．在玻璃内部用多个点状光源设计有一定图案的内透光照明效果。

这种显示图案的内透光照明一般具有很强的艺术观赏性，能使建筑在不同时间以不同的夜景面貌来展示自身形象，烘托环境气氛。（图4-26～图4-28）

图4-26

图4-27

图4-28

5．公共空间的内透光照明。

有一种以锥形光束来营造内透光照明效果的照明方式，这种照明方式灯光照亮的是室内的墙面或结构设施，它并不是要整个房间均匀发亮，也不是要整个窗面有一致的亮度，而是要多个窗口形成一致的照明效果，形成一种特殊的灯光图案布置。这种照明手法常用于楼梯间或设备间。（图4-29、图4-30）

图4-29

图4-30

另一种是建筑的外侧设置了公共通行走廊。通廊外侧大多以玻璃墙或窗封闭，如果在这种通廊的内部设计一种常亮的内透光，则于通行使用和营造室外景观都是有益的。（图4-31）

图4-31

04

灯饰照明

灯饰照明主要是为了在节日庆典等特殊时间与场合营造热烈、欢快的喜庆气氛，它是为了加强建筑物夜间的表现力而形成的一种照明方式，大部分是临时性灯光。

一般是由LED串灯、阻燃灯饰网、喷画等材料组成的户外灯饰，是一种使用安全、安装和运输方便、可悬挂在建筑外墙的柔性灯饰。（图4-32、图4-33）

图4-32

图4-33

05

动态照明和媒体幕墙

近几年，随着固态光源和控制技术的不断进步，文化思想和设计理念的不断变化，动态及媒体照明得到了快速发展，越来越多的动态灯光开始被应用于城市夜间景观的照明设计中。其实动态及媒体照明的发展主要起步于舞台灯光，随后被大量应用于舞厅和酒吧等室内空间，进而逐步扩展到城市夜间景观设计。

在城市夜间环境中，视觉传达的主要手段就是光，而最优质的载体便是城市中的建筑物。建筑动态及媒体照明则是以建筑为载体，充分利用灯光的魅力，极大地丰富城市的夜间景观。优秀的建筑动态及媒体照明不仅可以更好地展现出建筑自身的气质，还能够赋予建筑以新的生命，营造出不同于日间景观的视觉效果，使之成为城市夜间景观中的区域地标。

动态照明及媒体幕墙是由点、线、面等不同灯具组合，通过明暗变化、色彩变化、动态变化等智能控制来显示文字、图片、动画、视频等内容，也可通过技术手段（如投影、激光）来满足观赏效果的一种照明方式。

形式和特点

1. 建筑动态及媒体照明的表达手段与表现形式丰富多样，视觉表现力强，能够提升建筑物在夜间的可辨识度，容易使其形成夜间区域性地标。（图4-34）

2. 在建筑动态及媒体照明设计中，以建筑为载体，对照明的动态区域、灯光色彩、表面亮度及动态方式等的选择和设计灵活度高，相对于传统的建筑照明，设计师可创造与发挥的余地较大。（图4-35）

3. 建筑动态及媒体照明使设计师可以将建筑作为媒介，以叙事的方式借助灯光传达自身对地域文化、城市风貌、区域环境、建筑载体及自身品牌形象的理解。

图4-34

图4-35

实施方式

1. 动态照明

动态照明可选择点状灯具组合、线状灯具组合、面状灯具组合等形式。（图4-36～图4-38）

图4-36 点状灯具组合

图4-37 线状灯具组合

图4-38 面状灯具组合

2. 媒体幕墙

媒体幕墙包括天幕、墙面幕等载体。（图4-39～图4-41）

图4-39 媒体幕墙（天幕）

图4-40 媒体幕墙（墙面幕）

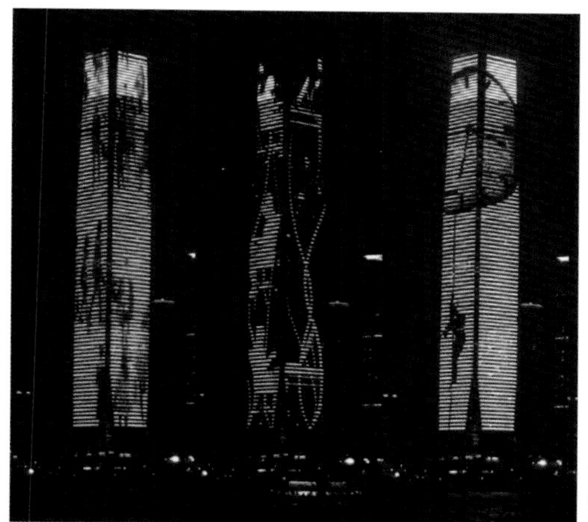

图4-41 媒体幕墙（墙面幕）

案例：墨西哥玛雅大世界博物馆多媒体声光设计

该项目是展示玛雅文明的画廊空间。鉴于这种文化，设计师在教堂和博物馆的外观以一个巨大的动画视频、壁画音轨讲述玛雅文化的历史。

XYZ Technologie Culturelle的设计师想出了一个可编程的照明系统：用70个投影仪为参观者提供一个机会来真正沉浸在这种象征性故事中，这个“映射视频”系统，由动画与图纸、照片和图形构成，配上远程音响系统，达到视觉与听觉的双重享受。（图4-42）

图4-42 墨西哥玛雅大世界博物馆多媒体声光设计

3. 投影照明

3D投影

建筑3D投影，又称3D投影秀、户外3D投影广告、裸眼3D投影、建筑体投影等，是一种利用大功率投影设备，运用光学投影原理，采用高亮度的光源，以虚拟现实技术、裸眼3D动画制作手段，将极具立体空间感的动态画面及广告传播内容投射到高层建筑的外墙上，将建筑物与投影影像融为一体，真真假假，虚实结合，在夜间形成极具视觉冲击力的画面。投影照明主要安装在建筑物外，对和建筑物之间的距离要求严格。（图4-43、图4-44）

图4-43 城市形象宣传

图4-44 主题文化宣传

二维投影

二维投影照明就是LED投影机通过光学技术，将图案、文字等在建筑上呈现影像的一种照明方式。（图4-45、图4-46）

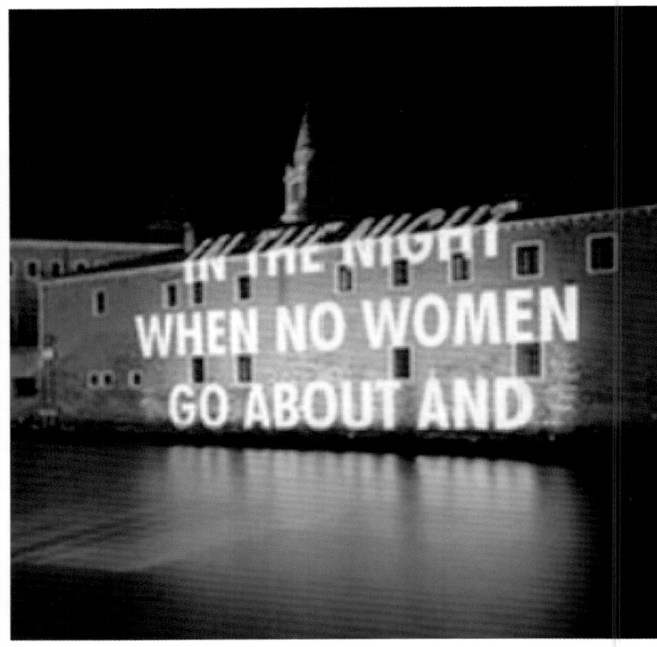

图4-45 文字投影

图4-46 图案投影

互动投影

互动投影系统是融合当今世界高科技广告和娱乐的互动系统。互动投影系统提供了一种不同寻常并激动人心的广告与娱乐交相辉映的效果，适用于所有公共室内场所，特别是休闲、购物、娱乐及教育场所。2013年，虚拟互动技术已完成人机交互部分，并有多种对自然或虚拟世界的仿真模拟。（图4-47）

图4-47 互动投影

案例：汉街万达广场

中方建筑设计：CSADI，Central-South Architectural Design Institute Co.，Ltd.

立面构造：FANGDA Design Engineering Co.，Ltd. Shenzhen

立面照明：BUME Lighting Design & Engineering Co.，Ltd. Shenzhen

客户：Wuhan Wanda East Lake Real State Co.，Ltd.

汉街万达广场是目前世界上最大的媒体建筑，照明设计使这座建筑拥有了一个具有真实景深的双层媒体表皮，通过精细的控制和媒体制作，创造了前所未有的视觉效果。在照明设计、工程实施、LED及控制系统集成应用等各个领域，武汉汉街万达广场都实现了新的突破，是媒体建筑的一次成功实践。

汉街万达广场利用幕墙上的球体结构，在球体正面呈现被雪花石玻璃匀散形成的直接光，在球体背面形成一种投向铝板幕墙的间接光，经过多次镜面反射的间接光和环境光与直接光相结合，由它们组成点阵，形成像素化屏幕，既可以组成比较具象的图形，又可以由面发光形成画面图案背景，两者巧妙配合、灵活转换就可以幻化出丰富多彩的3D画面，而双层发光表面的前后距离，也创造了一个真实的景深效果。

建筑师原设想用大功率LED光源系列，后经设计分析及专业计算，将光源改为小功率SMD的LED，不仅能降低成本，还能让光源位置尽量贴近球体根部，接近被照面，并利于隐藏。

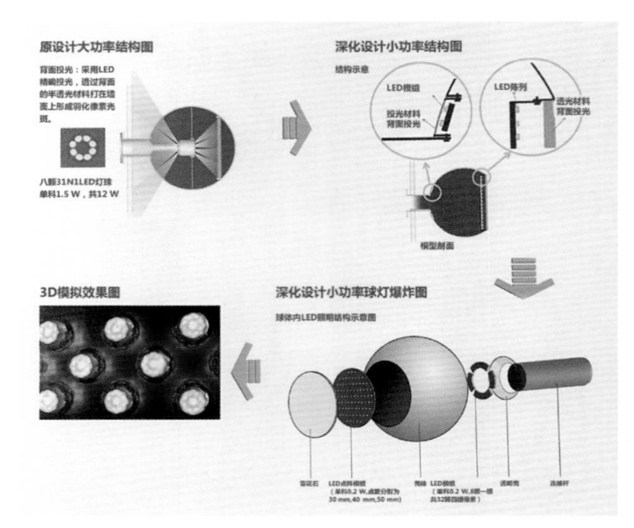

图4-48

通过多次试验论证，最终方案得到业主的认可。（图4-48、图4-49）

图4-49

案例：鞍山兴隆大家庭

建筑设计：沈阳万宸建筑规划设计有限公司

灯光：DASUN

中国第一Mall，响亮的名称搭配独一无二的金元宝造型，使其成为商业街项目中最直观的、能够带给人记忆点的形象语言。对于灯光来说，表现出了建筑造型，就成功了一半。

灯光运用五种颜色表现“中国玉都”的五种品性，体现玉的圆润和通透，即分别用藤黄、胭脂红、花青蓝、曙红、羊脂白来表现周一至周五的变化。遥遥望去，看到元宝体庞大的建筑灯光颜色便可知晓当日为周几，这也很好地体现出标志建筑物的意义和作用。（图4-50）

图4-50

06

未来（智慧）照明

智慧照明是通过应用先进、高效、可靠的控制电路技术、无线电网络技术、新媒体信息技术等，来协助或取代人类工作及管理的一种形式，并可接驳到城市智能管理系统，构成智慧化城市的必要通路。它实现了对照明设备的智能化管理，是未来照明的一种发展趋势。（图4-51）

目的和意义

目前，世界各国已开始使用智慧照明，这种技术能达到智能管理、节约能源的效果。它主要实现对建筑及景观的远程集中控制与管理，具有根据需要自动调节亮度、远程照明控制、故障主动报警、灯具线缆防盗、远程抄表等功能，能够大幅度节省电力资源，提升公共照明管理水平，节省维护成本。

除此之外，一些新技术及新产品的出现，如太阳能技术、风光电互补技术以及LED投影产品、激光、LED光电玻璃等都能带动未来照明的发展。广州中国科学院软件应用技术研究所开发的智慧照明，是2012巴塞罗那智慧城市国际博览会创新类决赛奖得主，这也是全亚洲获奖的三大项目中的一个。

如伦敦计划的改造威斯敏斯特区的道路照明系统，威斯敏斯特区承诺将投资325万英镑更换1.4万个节能路灯。最有趣的是，这些路灯将是英国首批“智能路灯”，当需要维修或更换时，能通过一款iPad应用通知工人。另外，技术人员可以通过应用控制每个路灯的亮度，提高能源使用效率。由于使用费用更低，智慧路灯的初期投资将在7年内节省回来。从2015年开始，这些智慧路灯每年可节约42万英镑电费。由于能节约巨额电费，未来英国其他城市也会采用类似的智能照明系统。

目前，广东省东莞市以及四川省等地，已经开始根据不同路段的需要，加装各类智慧照明系统。

形式和特点

智慧照明是未来照明的一种发展趋势，除了智能管理以外，它是可以通过激光、导光管、光纤、3D全息投影技术或声光电综合技术营造特殊灯光效果的照明方式。目前比较适合在城市广场、公共场所区域的商业建筑和标志性建筑，或在节日、大型活动时采用。（图4-52～图4-59）

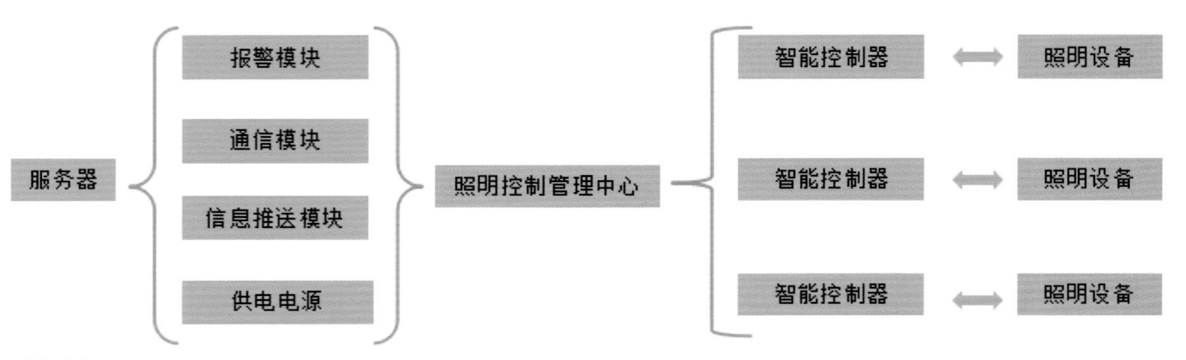

图4-51

图4-52 3D全息投影

图4-53 二维投影

图4-54 激光

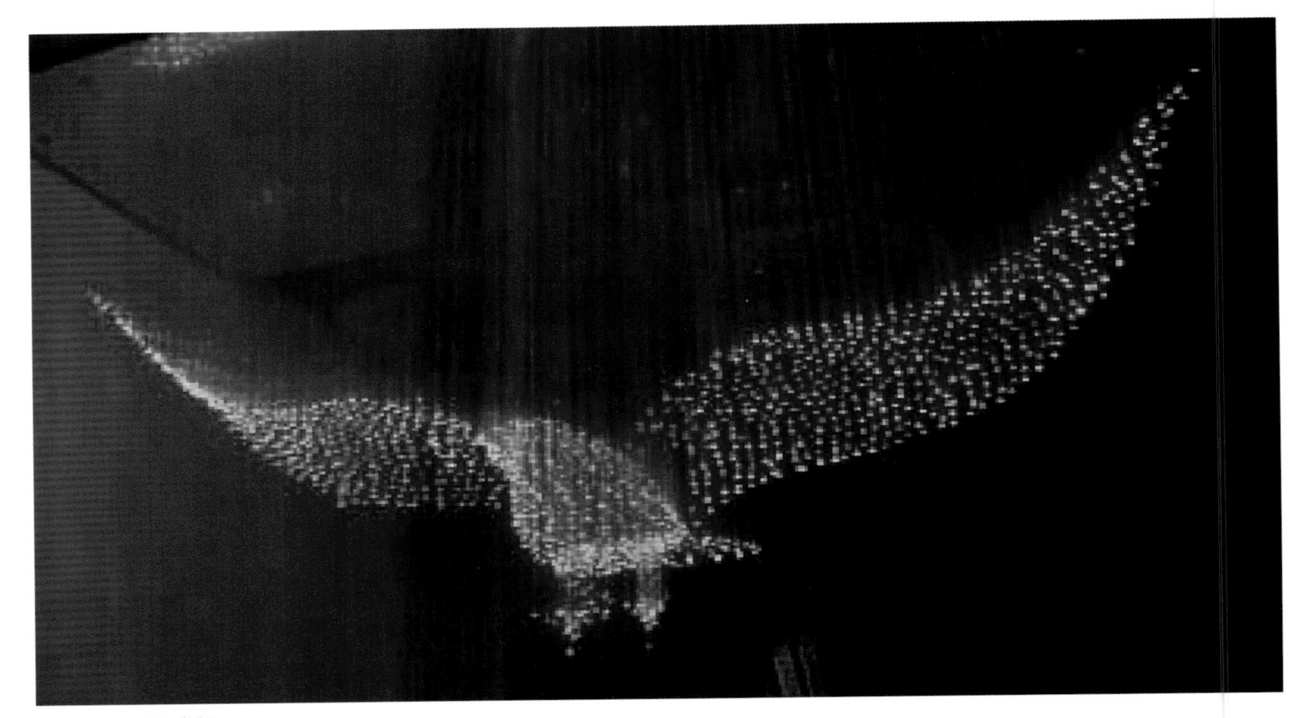

图4-55 LED光纤

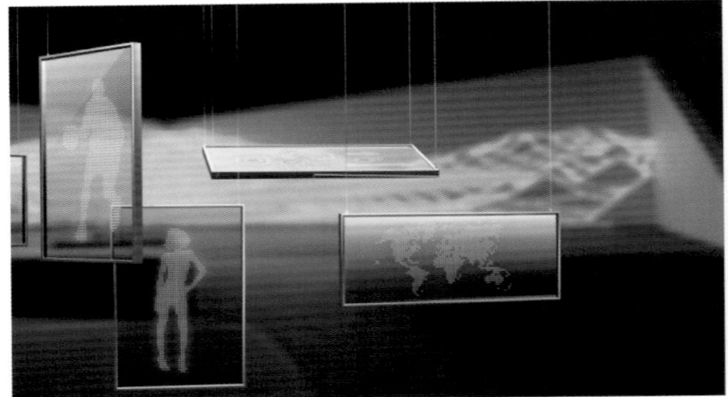

图4-56 LED光电玻璃

图4-57 声光电影技术

图4-58 互动灯光

图4-59 其他新型灯光

案例：GreenPix——零耗能多媒体幕墙

GreenPix——零耗能多媒体幕墙是一项可持续能源和数字媒体技术结合的创新型项目，是为了位于2008年奥运会主办场地附近的北京西翠娱乐中心而设计的。这一项目拥有世界上最大的彩色液晶显示屏之一和中国第一套集成到玻璃幕墙的光电系统。整个建筑通过白天吸收太阳能、晚上用太阳能来照亮屏幕，反映出一天的天气循环，从而以自给自足的能源组织系统来运作。

设计师西蒙·季奥斯尔塔称：“通过为整幢建筑的表面提供迄今最先进的可持续能源技术，这一媒体墙将为北京市提供第一个专注于数字媒体艺术的集结地。”这一建筑于2008年6月24日开始对公众开放，白天吸收太阳能，晚上由同一能源发出灯光，GreenPix就像一个有机系统一样运作。这一项目旨在推广节能技术在中国新一代建筑中的集成，这一做法势在必行，有力地回应了当前业界激进、无节制、以环境污染为代价的经济发展模式。

GreenPix是一面由2 292个彩色（RGB）LED发光点组成、面积相当于2 200平方米的超大动态内容显示屏幕。超大的屏幕和特有的低分辨率增强了媒体的抽象视觉效果，相较传统媒体幕墙上高分辨率屏幕的商业应用，GreenPix提供了一种独具艺术特色的交流形式。通过这一新型数字图案，西翠这一箱形不透明商业建筑获得了与城市环境进行交流的能力。通过内置的用户定制软件，其“智能皮肤”使建筑内部与外部公共空间进行互动，将建筑物的玻璃幕墙转变为一种互动娱乐和公众活动环境。媒体/信息技术与都市建筑的充分结合创造出了这种新型的交流平台，致力于呈现创新的艺术表现形式，同时向远近各处传递大楼的行为和活动信息，吸引大量观众。数字技术与建筑的结合提升了全球影响，巩固了北京作为改革和城市复兴中心的声誉，技术的创新使用、交流的试验性方式和社会的互动定义了城市在全球化进程中的新标准。（图4-60、图4-61）

图4-60

图4-61

5

第 5 章
Chapter 5

建筑照明设计实践
Practice of Designing Architectural Lighting

01
设计准备

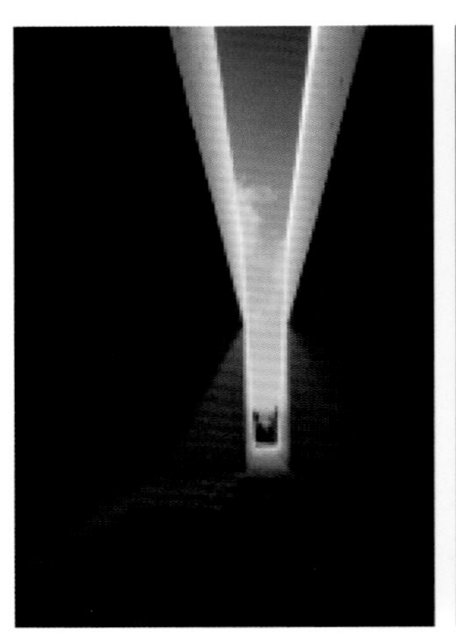

图5-1 图片资料收集

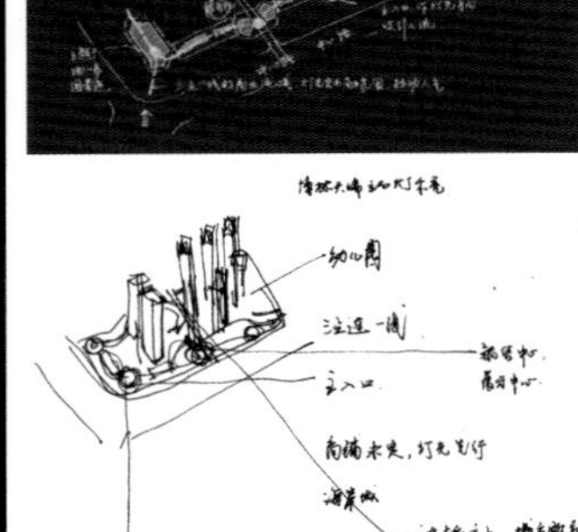

图5-2 项目功能分草图

项目策划书

项目策划书的基本框架是包容策划所有内容的“容器”，它会因项目的不同而不同，主要包括项目的概况与目标、人员组织、组织架构、时间计划与成本费用等。

建筑设计资料收集

在项目开始之初，就应该充分收集资料，内容有以下几点（将日常喜好利用起来，因为喜欢，所以会更感兴趣，这样也更容易理解记忆）。

1. 模型资料。

2. 建筑设计方案与图纸资料。

3. 图片资料（电影里有好的镜头、构图、光影、色调、设计。电影所传达的视觉感是一种很棒的体验，可以在里面学到许多东西）（图 5-1）。

4. 证据资料（目前最新资讯如室内、景观、建筑、电机等专业知识）。

5. 背景资料（新闻事件、艺术家个人空间、设计界资讯）。

6. 无论要不要做概念，都应该随时储存灵感，更重要的准备其实也不在素材上，而是在自己的想法上，概念方案最缺也最难找到的是什么？笔者觉得是一个好的切入点、一个好的辩证、一个好的想法和一句好的文案，这些东西上网搜寻是找不到的，因为必须从我们脑袋里自己“蹦”出来才精彩。（图5-2）

收集资料的方式

1. 与委托方沟通，提供相关设计资料，比如在哪里（地址）、对象是谁（用户）、要干什么（功能）等。

2. 查阅文献资料；深入了解、领会原创建筑设计的设计理念和表现手法；再思考用户的人数、年龄、使用时间、喜好习惯等。（图5-3）

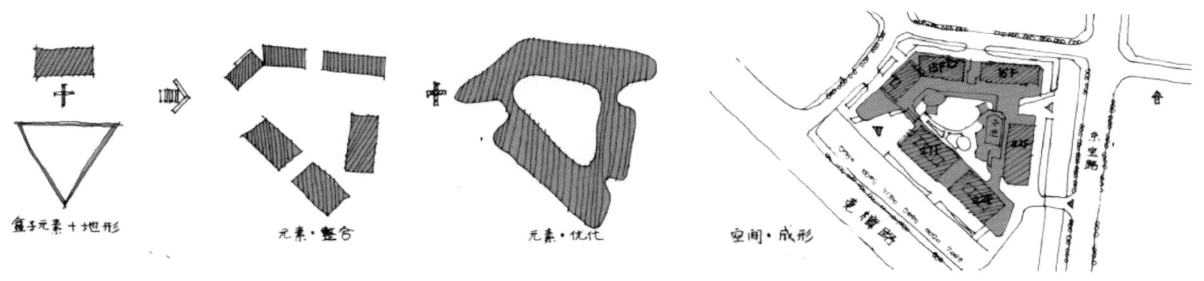

图5-3 分析建筑的设计理念草图

现场踏勘与调研

进行现场踏勘与调研是为了了解照明设计对象所处的环境、构筑物载体的风格形态、建筑设计师的表现意图等。（图5-4）

图5-4 对构筑物载体的风格形态分析草图

调研的内容

1. 建筑物特征调研：充分理解项目以及项目与城市空间的组合关系。（图5-5）

2. 周边环境调研：建筑及幕墙结构的构成处理关系、建筑与区域园林景观的协调关系。

3. 使用人群调研：作业或活动类别、使用者年龄、使用时间等因素。

4. 其他方面调研：法律法规、经济性等。

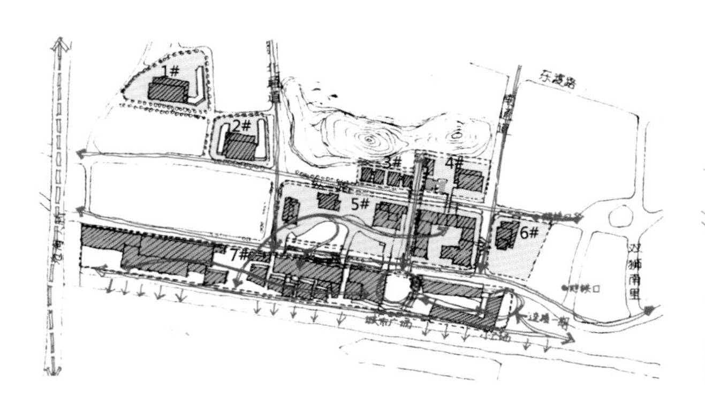

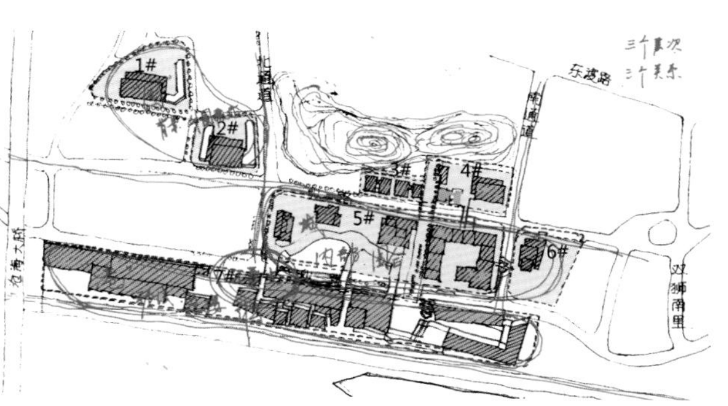

图5-5 分析项目草图

02

概念设计

图5-6

图5-7

项目分析

项目分析包括项目文化分析、地理位置分析、现场环境分析、夜景现状分析、建筑方案分析、灯光设计思路分析和灯光必要性分析等。

创意与概念策划

建筑照明设计如何从概念设计入手?

基本构想阶段是一个共同认知的阶段，这个阶段往往也是最重要的，它最费时间，因为需要去找寻合适的语言来诠释你的项目。在字典中，光最基本的含义是光明，它还代表着期望和希望，光能左右人的心情。（图5-6、图5-7）

照明概念设计方法论

对这个问题最为精确洗练的解答来自斯蒂芬・霍尔的《锚》。其一方面是物质的，即“从功能方面对场地的解析、远处的景观、材料的分析、交通的运行以及通道”。另一方面则是“玄学”的，即“从场地的第一感觉中产生意念……赋予一个新的空间确切内涵”。进行照明设计时要注意切入任务的本质，选择最适宜的逻辑思路，争取出现亮点。

一个概念能不能感动客户，很大程度上并不取决于这个概念本身，而在于提出概念之前，对基地的境况和问题的分析深度。

最好的状态便是你的概念和方案是没有断层的，仿佛你走在田野上，累了，倒在麦堆里，倒伏的小麦也就成了一张床。

概念不一定是一开始就有的，它可能产生于你对建筑类型考虑的时候、对基地分析的时候、对总平进行布置的时候、对空间进行推敲的时候、在使用材料打光的时候……期间会有许许多多的概念和想法，一些要舍弃，一些要保留。这时你需要快速地用草图整理自己的思路，表达自己的设计想法。(图5-8、图5-9)

图5-8

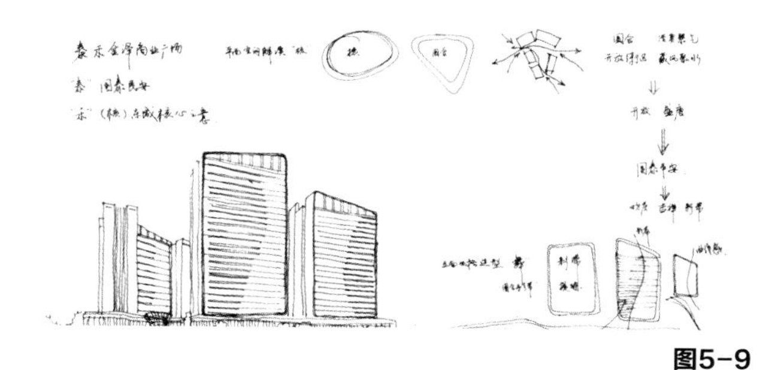

图5-9

案例：美国拉斯维加斯 Crystals商场

Daniel Libeskind建筑工作室和Rockwell Group室内设计事务所共同创造了Crystals购物中心迷人的外壳及室内。Focus Lighting则贡献了视觉复杂、技术先进的照明设计。错综复杂的光线斜射在室内墙面上，表达出建筑特色的、旋转的动势。这些戏剧性的光线从天花线槽中排放的金卤灯中发出，每只光源都配备仔细调节过的金属格栅。金卤聚光灯也被安装在天花线槽里，用于对商场的内部中央广场上的多种元素进行聚光照射。(图5-10～图5-12)

图5-10

图5-11

图5-12

案例：新加坡ION Orchard购物中心

整座建筑仿佛是块巨大的画布，LED装置被安装在平滑的玻璃幕墙上，分散在天棚各处。另外，建筑本身还作为载体，缓缓变幻着柔和的自然风光和多媒体艺术作品。设计师希望通过精心的商业照明设计向人们展现来自世界各地的购物者们为这座新加坡的新地标建筑所带来的活力。面对一个如此庞大而炫目的商业项目，设计师将重点放在了它的立面照明设计上。通过在巨大的玻璃立面上安装LED设备，获得了非凡的照明效果，立面变成了一个交流工具。（图5-13）

图5-13

意象表达

通过手绘草图、参考图片、灯光示意图、文字描述等方式来表达概念意向。（图5-14、图5-15）

图5-14

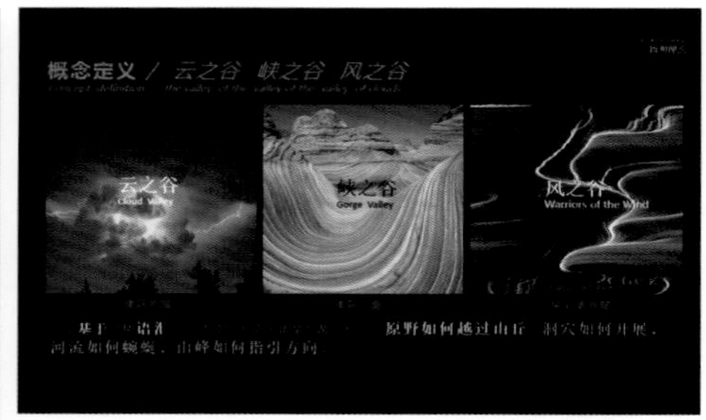

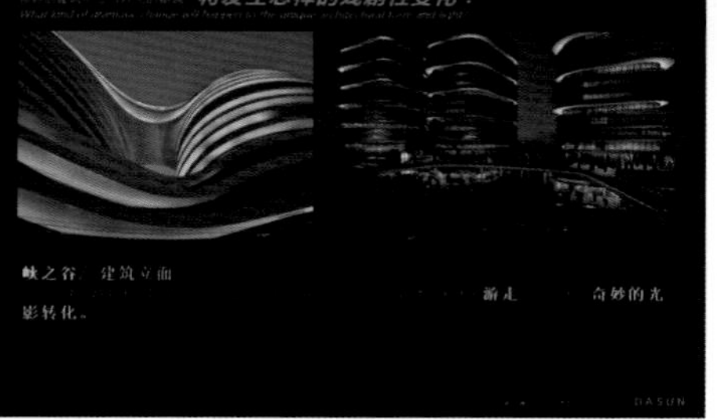

图5-15

概念设计论证与审定

设计师经过概念阶段所形成的初步设计构想或照明设计方案应具备基本的合理性和一定的新颖性，深化方案应提出具体的实施方式和节点预留尺寸等参数，以保证方案的实施性。（图5-16～图5-18）

在照明设计方案以某种形式得到正式认可后，书面正式的确认文件便成为必须，这是后续设计工作的前提与基础，是具备约束和控制效力的约定。该文件可以是方案汇报会的会议纪要，也可以是设计方要求的确认函。总之，该文件对后续设计过程中可能出现的分歧与意见，能够起到积极的界定和调和作用。

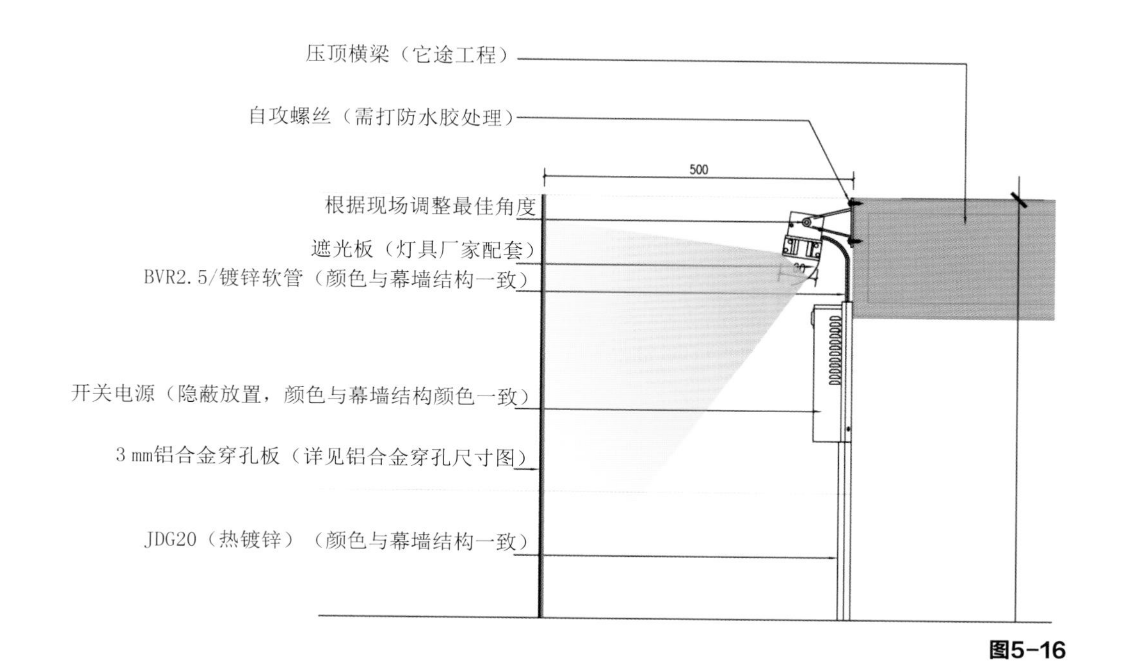

图5-16

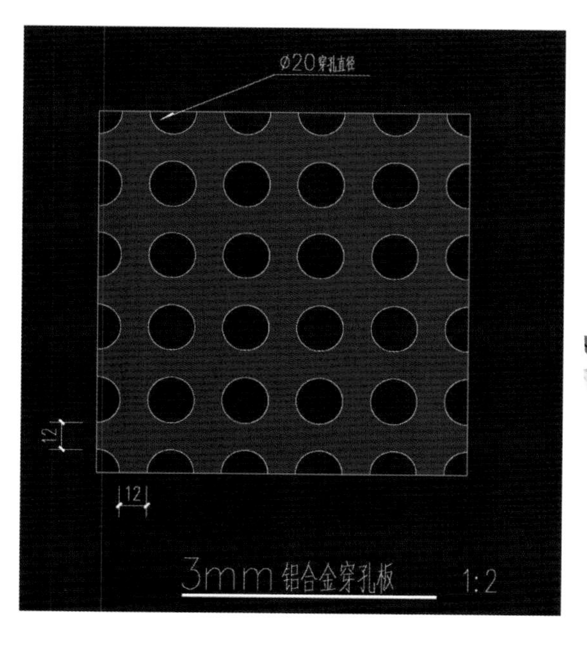

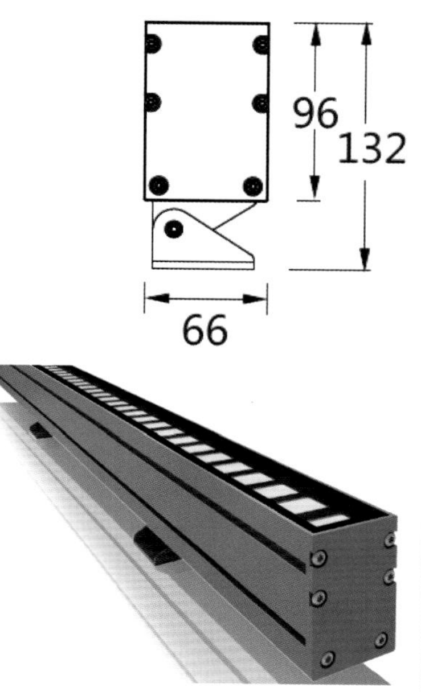

图5-17

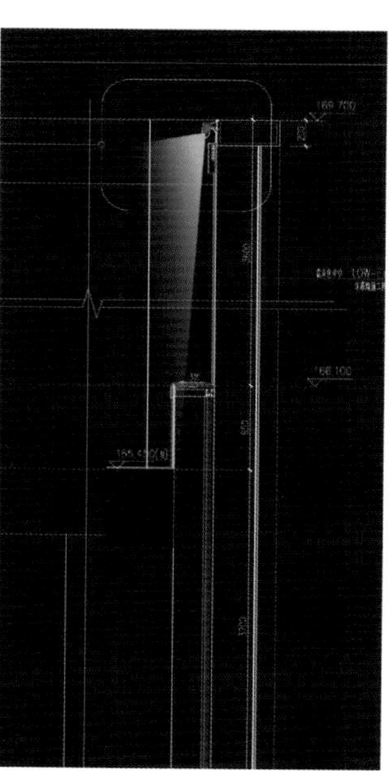

图5-18

03

方案设计

方案说明需结合方案分析表达方案内涵。设计说明应包含灯光设计师对建筑师设计思想的理解，以及对建筑特点的分析，包括建筑材质、颜色、肌理、结构等。还应考虑建筑灯光形象的塑造、整体灯光构思、总体照明效果设计、楼体照明手法及方案实施方式这些内容。

方案效果表现

一个照明设计效果的实现往往是多种表现方式共同作用的结果。效果的表现方式多种多样，但是总结起来主要有手绘草图、示意图、效果图、平立剖布光图、多媒体动画等。这几种表现方式侧重于不同方面，共同形成完整的效果表达。（图5-19～图5-23）

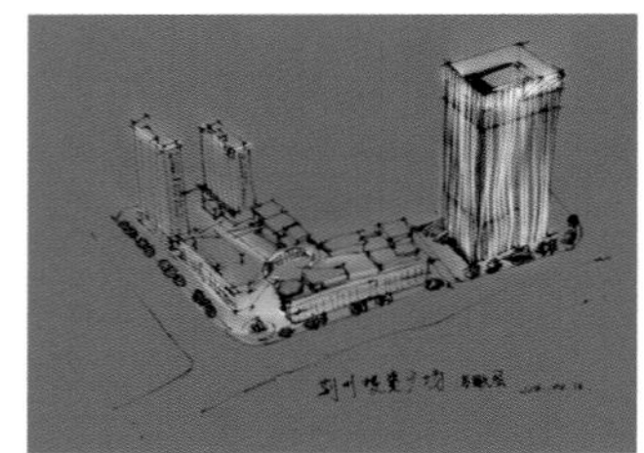

图5-19 手绘草图

图5-20 示意图

图5-21 效果图

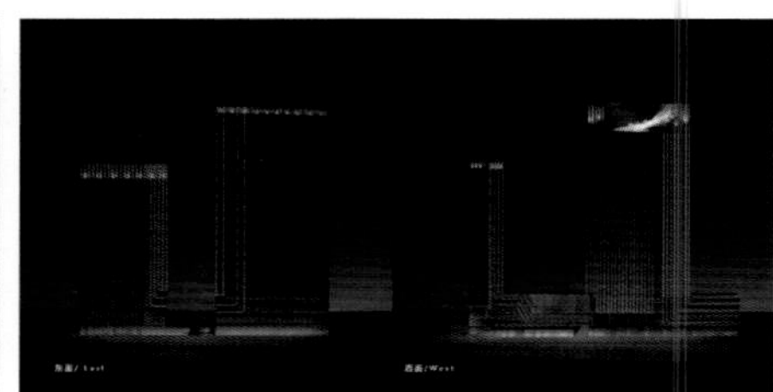

图5-22 平立剖布光图

图5-23 多媒体动画

安装实施与分析

方案落地实施的指导原则包括：
1. 灯具隐蔽性；
2. 方便维护；
3. 经济适用；
4. 安全性。

方案落地实施需关注的要点包括：
1. 建筑结构特点；
2. 灯具安装方式；
3. 灯具及设备检修方便；
4. 对白天景观是否有影响；
5. 眩光控制；
6. 经济节能控制。
（图5-24、图5-25）

图5-24

图5-25

灯具选型

灯具选择不应只顾及其效果、质量及价格，还应考虑采购灯具的便利性及当地的技术要求。厂家会提供灯具目录以供选择，灯具规格会包括每款灯具的简介、厂商编号、光源种类、瓦数、表质、安装位置、数量及生产商或供应商的联络资料。

灯具选用的一般原则包括以下七点。

1. 根据照明场所的功能和空间形状确定合理的灯具配光类型。

2. 在满足眩光限制要求的条件下，对于仅满足视觉功能的照明，宜采用高效灯具（接型配光灯具和敞开式灯具）。

3. 选用便于安装维护、运行费用低的灯具。

4. 在有火灾或爆炸危险以及粉尘、潮湿、振动和腐蚀等环境的特殊场所，应选用满足环境要求的灯具。

5. 灯具表面以及灯用附件等高温部位靠近可燃物时，应采取隔热、散热等防火保护措施。

6. 照明灯具应具备完整的光电参数，其各项性能应分别符合现行的《灯具一般安全要求与试验》等标准的有关规定。

7. 灯具外观应与安装场所的环境相协调。

经济技术指标分析

灯具经济指标包括：

1. 建设费；

2. 维护费，包括用电量、设备维护率、更换成本（设备成本、人工成本、机械成本）、设计使用寿命；

3. 报废成本回收。

灯具技术指标包括：

额定电压、光源、灯体功率、散热效果、节能效果、光效、显色性、使用环境、可靠性、坚固耐用、光照度。

一个好的照明设计，在选择灯具的时候应全面衡量以上因素。

控制系统

照明控制的作用与原则

作用

节能效果显著，延长光源寿命，改善工作环境，提高照明质量，实现多种照明效果。

原则

安全——基本要求；

灵活——建筑空间布局经常变化，照明控制要适应和满足这种变化；

经济——性价比高，要考虑投资效益；

可靠——简单且可靠。

常见控制系统

1.传统控制系统：接触器、线包、PLC（可编程逻辑控制器）；

2.现代智能照明控制系统：C-Bus、Dynalite；

3.符合常用通信标准的控制系统：EIB、DMX512，以及国内一些厂家开发的专用集控器等。

控制模式（图5-26）

1.就地控制：通过操作现场照明配电箱面板上的转换开关和控制按钮，实现就地控制。

2.时间控制：照明控制箱内装有时间控制器实现时间控制功能。

3.BA控制系统：通过控制箱内BA控制接口接入BA控制系统。

控制现场（图5-27～图5-30）

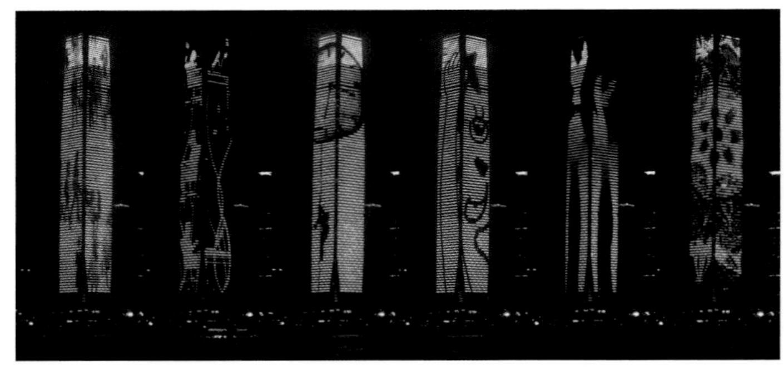

图5-26 香港环球贸易广场

图5-27

图5-28

图5-29

图5-30

方案审定

衡量因素：照明设计师对建筑师的意图是否充分理解，对项目的解读和分析是否到位，方案与效果表达是否相契合，是否具备可实施性。

04

扩初设计

扩初即“扩充初步设计”，就是一个扩大初步设计，对方案进行深化设计的过程，它位于方案设计之后、施工图设计之前，是照明设计中的重要组成部分，起到承上启下的作用。

设计主题与依据的审定

主题是设计师通过对现实的观察、体验、分析、研究，以及对材料的处理、提炼而得出的思想结晶，它渗透、贯穿于设计的始终，体现着设计师设计的主要意图。作为主线，设计主题贯穿设计的全部内容，因此，在扩初设计阶段审定设计主题，是设计师和业主最终对设计思想的一种共同的认可和确定。它是指导下一步设计实施的原则与基石。

设计的依据一般分为三种类型：

1. 现行的国家相关法律法规、行业规范；

2. 应用的计算分析软件名称、业主的设计委托要求；

3. 目前的新技术、新材料等。

在扩初设计阶段梳理与审定设计依据，可规范设计内容，避免与相关法律法规的冲突，有效提高设计的可实施性。

方案效果的审定

方案效果是未来竣工验收的重要参照，包括平面效果图、二维三维动态效果等。方案效果是设计构思的可视化呈现，审定方案效果，将会让设计师与业主直观地鉴别和确定构思与视觉效果是否一致，并评估建成以后的样式。

灯具选型与点位布置

灯具选型与点位布置是实现照明设计构思的基础和先决条件。在扩初设计阶段核对灯具选型，对照相关设计规范要求，将灯具合理地布置在相应的位置上，有助于专业设计人员检测与评估设计的可实施性。

灯具选型的方法

1. 产品资料库选择

2. 非标产品的设计与细化

3. 产品的看样与检测

灯具选型的原则

1. 参数的合理性原则

2. 外观的协调性原则

3. 经济适用性原则

点位布置图绘制的目的与意义

灯具的点位布置图，直观地反映着灯具布置的位置与数量。绘制点位布置图有助于设计师核对灯光布置与建筑是否有冲突，是否符合图纸上的实际距离、尺寸、大小等相关数据。

安装节点的深化

安装节点的深化是灯具安装实施的细化研究与论证，也是一个多学科交叉的工作。由于现代建筑外表皮结构日趋复杂，现代城市玻璃幕墙的大面积使用，在建筑外部安装灯具成为一个精细化、跨专业协作的工作。

安装节点深化的操作程序

1. 灯光设计师提出安装条件
2. 建筑专业审核与反馈
3. 幕墙专业审核与反馈
4. 灯光设计师确认

上述几点可搭配灯具安装节点图、大样图及三维模型图、现场细部照片进行操作。（图5-31）

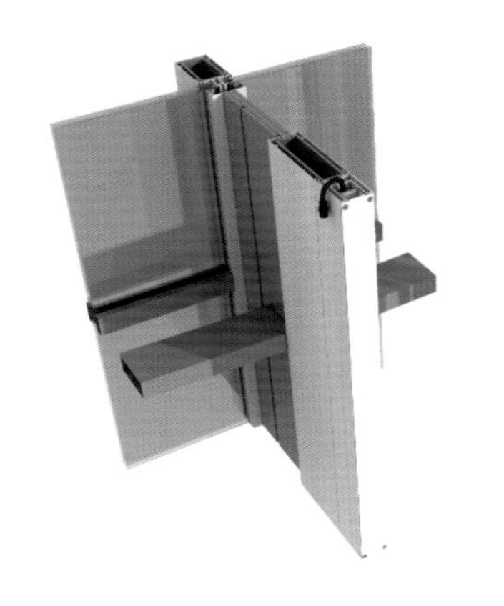

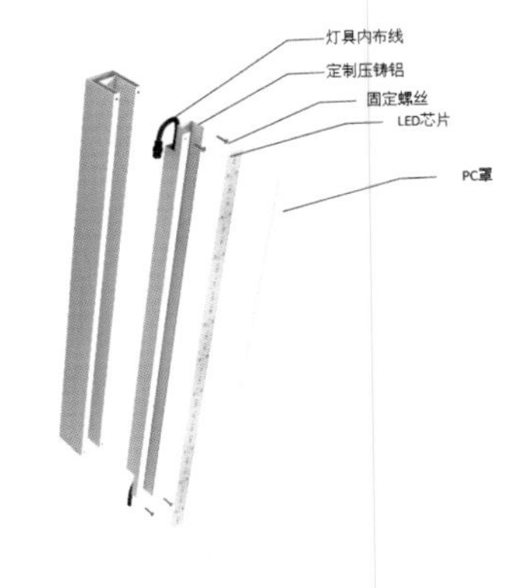

图5-31 安装节点

控制模式的审定

传统照明控制利用设置在灯具配电回路中的开关或手动旋钮来控制配电回路的通断和灯光的明暗调节。

随着LED灯具的发展和控制技术的不断发展进步，智能控制系统以更节能、更灵活的特点，成为现代照明重要的控制方式。

在扩初设计阶段，选定并审核控制方式，是实现方案的重要步骤。

场景设计设定包含时间段设定和动态效果设定。

控制方式及设备的选择。

造价估算

造价估算，又称工程估算，是对具体工程的全部造价进行估算，以满足项目建议书、可行性研究和方案设计的需要。

造价估算作为论证拟建项目的重要经济文件，既是建设项目技术经济评价和投资决策的重要依据，又是该项目实施阶段投资控制的目标值。造价估算在建设工程的投资决策、造价控制、筹集资金等方面都有重要的作用，是项目决策的重要依据之一。

05

施工图设计

进行施工图设计是为了更好地保证输出图纸与设计效果保持一致性、正确性及统一性，加强设计程序的执行力度。

施工图设计流程的深度

1. 满足施工图预算的要求
2. 可以确定材料、设备的订货和安排非标设备的制作
3. 可以进行施工和安装

方案交底

交代设计的目的和意图，以及设计效果的表现方法与原理，是确保施工图与方案效果达到一致效果的桥梁。

方案确认的方式

1. 方案确认函件（即通过与甲方签订文件获取最终的方案效果）
2. 会议确认（即通过与甲方会议录音的方式或是会议纪要签字的方式确认最终的方案效果）

技术文件编制

技术文件编制是照明设计成功的关键，技术规范就是对已完成的设计工作给予精确、详细的描述，以及对一个或多个厂商硬件要求的体现。其内容包括以下几点（内容会根据项目的不同而变更）：

1. 具体设计方案（对于施工图电气设计的说明）；
2. 一般标准和技术规范；
3. 工程技术要求（内容包括总体的概述、配电箱控制柜、配电线路、电源电缆线路以及控制系统的设备要求）；
4. 工程所用设备材料性能及技术要求；
5. 灯具选型（选型表必须详细标注选用灯具的参数，以便提供选购的依据，确定效果的实现，如图5-32）。

项目名称			备注		
日期			灯具编号 XD01		
位置			灯具名称		
边框颜色		光源		灯具品牌	
功率		显色性		灯具尺寸	
光束角		色温		开孔尺寸	
电源		调光		安装方式	
光通量		防护等级		配置电器	
产品相关资料					

图5-32 灯具选型表

电气施工图纸

电气施工图纸是最终现场施工的依据，内容一般包括主要设备及材料表、施工设计说明、配电系统图、控制系统图、灯具与线路布置图、安装节点图等。

工程量清单

工程量清单包含的内容有设备的数量、参数以及价格。是设计方提供给委托方的最终工程估算，只能作为一个大概的经济评定，有上下浮动的可能。

06

施工现场配合

技术交底

技术交底分为两大类，一类是设计单位向各施工单位交底，一类是施工管理单位向施工人员交底，使施工人员明白如何做，以及规范要求等。本书所介绍的技术交底是第一类。

技术交底，即设计图纸交底。这是在建设单位主持下，由设计单位向各施工单位（照明工程安装施工单位与各专业施工单位）进行的交底，主要交代工程设计的功能与特点、设计意图与要求以及在施工过程中应注意的各个事项等。（图5-33）

技术交底的组织与人员构成：

可通过召集会议形式进行技术交底，并应形成会议纪要归档。一般技术交底由建设单位发起并主持，由设计单位向施工单位进行交底。

样板确认

在建筑工程中，施工样板作为操作样板、质量样板、材料消耗样板的标准，需给予特别的重视。

随着照明工程的标准化，在一般项目中，也都会将照明样板制作与确认作为施工步骤之一。

样板确认的组织与人员构成：

样板确认工作采用在建设单位的主持下，由照明施工单位搭建制作样板，照明设计单位和业主单位共同审核的方式。样板确认可通过召集会议形式现场或视频看样，并形成样板审核记录表归档。（图5-34）

样板确认的内容与依据：

1. 样板尺寸与设计图纸相匹配；
2. 样板安装方式与设计图纸相匹配；
3. 样板实际光效与设计效果相匹配。

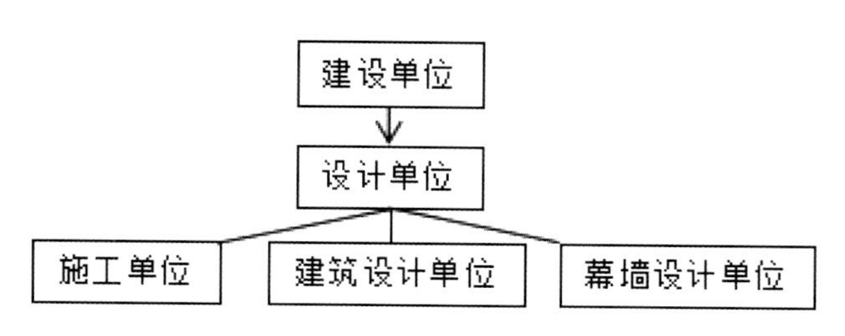

图5-33

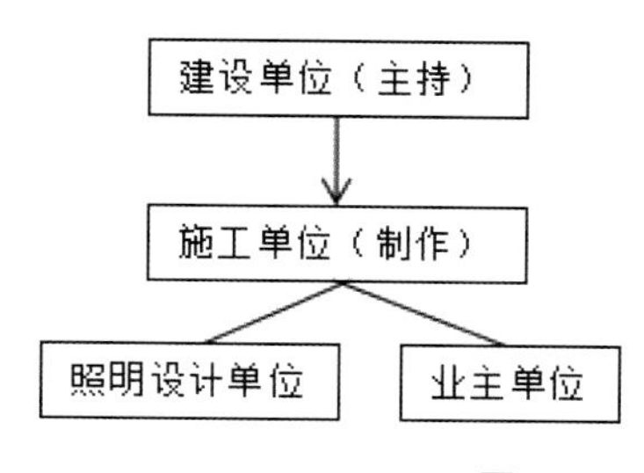

图5-34

图5-35 现场巡查

图5-36 竣工验收现场

现场服务与指导

现场服务是在施工样板确认后，照明设计师在关键节点结合施工进度，不定期对现场情况进行的抽查、检验及指导。其主要目的是保障施工效果与施工样板、设计效果的一致性，并在施工过程中，及时发现并处理现场与设计图纸可能存在差别的地方。（图5-35）

现场服务与指导的组织与人员构成：

现场服务与指导工作采用在建设单位的主持下，由照明设计单位和业主单位共同完成的工作方式。

一般形成现场服务记录表归档。

现场服务与指导的内容与反馈：

完成现场巡检记录表后，需对巡检中发现的问题提交业主单位及监理单位审核，并交由施工单位进行整改。整改后再进行复查。

竣工验收

竣工验收是全面考核建设工作，检查是否符合设计要求和工程质量的重要环节。同时也是检验设计单位和主创设计师成果的关键时刻。（图5-36）

竣工验收的组织与人员构成：

验收组成员一般由建设单位上级主管部门、建设单位项目负责人、建设单位项目现场管理人员及勘察、设计、施工、监理单位与项目无直接关系的技术负责人或质量负责人组成，建设单位也可邀请有关专家参加验收小组。

竣工验收的内容与反馈：

竣工验收是一项全面性的检查工作，本书所指的竣工验收内容，主要是作为照明设计单位在竣工验收中所做的工作，包括：

1. 检查工程是否按批准的设计文件建成，配套；
2. 检查工程设备配套及设备安装、调试情况；
3. 检查联调联试、动态检测、运行试验情况。

最后，相关验收文件审核确认，并拍照存档。

6

第6章
Chapter 6

建筑照明与艺术

Art of Architectural Lighting

纵观人类文明发展史，人类追逐光影艺术的历史由来已久，经历了利用自然光到创造光的过渡。远古玛雅时期的“库库尔坎”金字塔，利用太阳光在每年春分和秋分这两天在建筑表面造成“光影蛇形”的奇观；有着百年照明史的巴黎埃菲尔铁塔，是设计赋予它生命让它成为夜间的精灵；近代日本天才设计师藤本壮介的台湾塔，主体结构是钢框架加上各种再生能源设备以及照明灯具，夜间塔顶的绿洲有如悬浮在空中。一种文化一座城，它们都是时代的产物，是艺术的沉淀，是人类文明发展的先驱，具有里程碑意义。（图6-1、图6-2）

建筑照明与艺术是共存统一的，艺术是人精神上的享受，技术是人物质上的享受；建筑的技术与艺术是共存的、缺一不可的；建筑照明离不开艺术，纯粹地讲技术，任何建筑都会变成一堆垃圾，相反，只追求纯粹的艺术，任何建筑工程都是无法运作的。建筑是城市的一部分，应该和城市、环境对话，和历史文脉相结合，使建筑向自然回归。

图6-1 在夕阳下，蛇头投射在地上的影子与许多个三角形连套在一起，成为一条动感很强的飞蛇

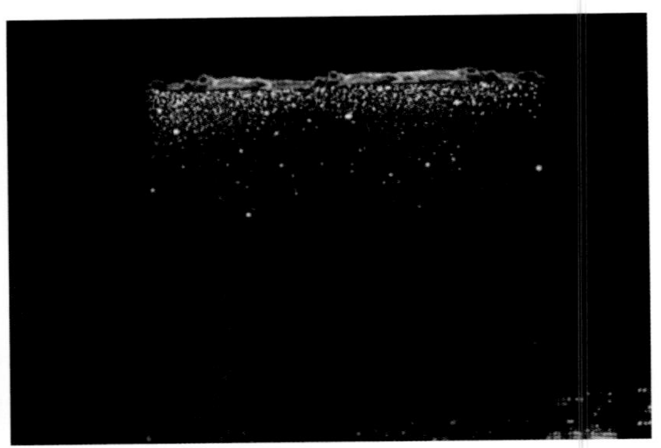

图6-2 台湾塔 藤本壮介

空中的绿洲，仿佛让建筑回归到自然

建筑夜景照明设计不只是单纯地把建筑物照亮，还要能在建筑上体现光与色、光与造型、光与环境、光与生活等之间的关系与独特的艺术价值。不同的光色，通过明暗、对比、平衡、渐变等节奏可以塑造出不同的建筑体量和空间氛围。不同的光色给人不一样的感觉，如暖色容易使人有兴奋感和热烈的心理感受，冷色则会使人感到沉静。在色彩搭配方面，夜景照明通过色彩的亲切、热烈、庄重、远近、轻重等视觉与心理感受作用，表现出各种不同的夜景环境氛围。

灯光设计师需要和建筑设计师合作，了解建筑师的设计意图并把光融入建筑当中，体现建筑的性格，用艺术的处理手法展现建筑的夜间美感，为城市添光增色。（图6-3）

图6-3 伊斯兰艺术博物馆 贝聿铭

逐层进行照明，从而给人复杂的几何形体的印象，用还原建筑的本质美，创造了一颗多哈海岸线上迷人的、璀璨的宝石

01

照明的艺术化——建筑在黑夜中不再沉默

艺术化的照明是对城市夜间整体形象和景观规模的提升。

风之塔是伊东丰雄用创新的方式表达的创意。该项目不仅涵盖了高新技术还涉及建筑与城市的对话，也建立了直接的符号之间的关系与交流。凭借这个项目伊东丰雄被授予1987年美国照明工程学会的埃德温·古思纪念优秀奖。

塔楼覆盖着穿孔铝板，白天，其通过覆盖钢芯的反射面反映城市。到了晚上，风之塔扮演了更加主动的角色，其通过两台计算机将声音和风转换成光，感测不同的风和噪声水平，并在其底部为1300个灯具、12个霓虹灯环和30个泛光灯供电。

塔不断变换，其小灯根据周围的声音改变颜色，霓虹灯环根据城市的风而起伏。因此，没有图案，因为光的显示是环境的直接表示，描绘在21米高的圆柱形表面上。

夕阳时分，光线交织，塔身闪烁光亮的奇景，灯光跳跃舞动，时而透明时而晦暗。霓虹光沿圆柱体上下穿梭，铝板的表面忽隐忽现，泛光灯随着风向、风速变化而虚实交替。无数个迷你灯泡感应周遭的噪声，形成星团的图案。灯的使用具有双重功能：天黑之后都市彻底转化，透露出虚构状态，虽然建筑物在白天宣告自己的存在，但一到夜晚便失去了真实性。（图6-4）

图6-4 横滨风之塔 伊东丰雄

随着时间变化而有不同风貌，白天平淡无奇，夜间如梦似幻

02

建筑设计是光的艺术

图6-5 卢浮宫玻璃金字塔是卢浮宫院内的一颗巨大宝石

世界著名的建筑大师贝聿铭就说过“建筑设计是光的艺术”，建筑的外立面与内部空间都需要通过光来体现，安藤忠雄等世界著名的建筑大师都在建筑外立面和内部空间的自然采光和人工照明方面花过很多心思。建筑的室内空间设计往往需要根据室内的结构布局和功能进行相应的照明设计，比如卢浮宫玻璃金字塔将人工照明和自然照明合理运用，对金字塔的设计起到至关重要的作用。游客身临其中，完全忘记了自己身处地下建筑内。而照明设计师把建筑师的设计意图和照明设计结合起来，融入一定的艺术化表现手法，折中了过度照明对周边环境的影响。（图6-5）

03

建筑中的光与影、明与暗

灯光设计的原点在于黑暗中的阴影，迷人的灯光设计不是把光叠加在一起，而是在一点点光中发现和创造阴影。

日本京都迎宾馆是一例将光与影运用得堪称完美的例子。建筑通过使用半透明的纸张制成的障子——如同谷崎润一郎在《阴翳礼赞》里描述的一样，实现了与传统日式建筑风格的融合。天然光柔和地透进室内，同时投射下细腻的阴影。在日本建筑中，光留下的影子从来都不是粗糙而随意的。光线根据空间而改变着它的影状，从一个房间到另一个房间，逐渐消散在空间中。（图6-6）

图6-6 日本京都迎宾馆的天然光、人工光及阴影设计

04

新媒体艺术

图6-7 Carlo Bernardini的艺术装置作品

照明技术依赖于技术的进步与发展，技术因素是照明设计实施的基础。例如，新媒体艺术具有与时俱进的特性，利用影像、计算机、高科技材料、生物、化学、视觉、表演等最新科技成果进行创作，已深入现代艺术的各个领域，同时也包括照明行业。

进入灯光的世界，穿越一个由细白光线构成的空间，城市空间和历史古迹被赋予了现代感，清晰的思路、完美的形式和技术美感融合缔造出优美的奇观异景。艺术家Carlo Bernardini是意大利人，他的作品充满神奇色彩，通过光纤发光，结合媒介技术，实现了形式与感知之间的对话。（图6-7～图6-10）

图6－8 这片绚丽的“金色森林”，由“发光的金色树木”组成。在黑夜中观看，仿佛从地底生长出来，高举支撑着体积巨大的高速公路

图6-9 3D打印完成的建筑外立面，在灯光的照射下变得通透，远看感觉整个建筑变成一个发光体

图6-10 动态投影技术的应用使这座拥有近500年历史的哥特式建筑变成最迷幻的光影世界

7

第 7 章

Chapter 7

建筑照明设计案例分析

Case Analysis of Architectural Lighting Design

01

商业综合体照明设计案例分析

招商金融二期

地点：深圳蛇口

建筑室外照明设计：DASUN

城市商业综合体夜景照明设计有别于其他单体建筑的照明设计，它的综合性和丰富性使其成了城市夜景中一道亮丽的风景。

置身于深圳招商金融二期的光环境下，随着灯光舒适、柔美的变化，体会建筑外立面灯光设计细节的光影艺术，赞叹LED照明技术的精巧、夜景灯光秀的动感和独特，感受充满乐趣和喜悦的光艺术环境，进而产生发自内心的憧憬和愉悦。（图7-1）

图7-1

地形学策略：设计的起点和主线

蛇口享有丰富的地理特性，葱郁的陡峭山形似穿透一层薄雾，从海底延伸上来，使蛇口更富有人文深度，因此营造出了独特、悠闲的城市环境。

项目的主要建筑是塔楼，矗立的高楼形成特色的城市地标，建筑的高大体形在高层处由玻璃幕墙和百叶弱化掉，而低层处的石材外立面连接比邻的商业裙楼。商业裙楼由横向的自然石材叠加而成。圆滑的导角促进人流，吸引人们进入项目的中心点。从下层花园上升到二层的灯笼体露台，建筑、景观和室内和谐互补的设计，为蛇口金融中心提供了丰富有层次、独特出众的身份象征。（图7-2）

图7-2

照明策略：打造一个海市蜃楼般的商业光环境

照明理念：

创造出能够给人印象深刻的美丽景色；

打造一个与建筑融为一体的光环境。

照明要点：

从设计本身来说，结合海岸与地平线，要给观者以丰富的想象空间。探索招商金融二期的最佳方式，是在傍晚时分轻轻地接近她。此刻，日落的余晖和初上的灯火交织在翩翩起舞的灯笼空间之中，让人暂时忘却昨日的一切烦忧，尽情体验当下的美好。

图7-3

照明效果：从实施过程看照明设计

这里需要首先注意概念计划阶段中的绘制创意草图、确定照明构思、进行效果模拟等工作的推进。（图7-3、图7-4）

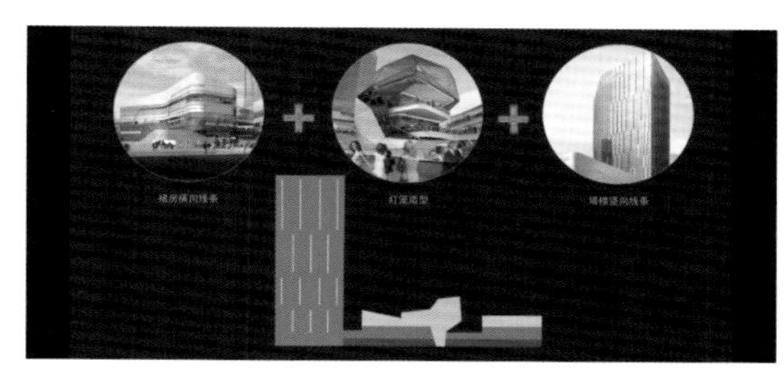

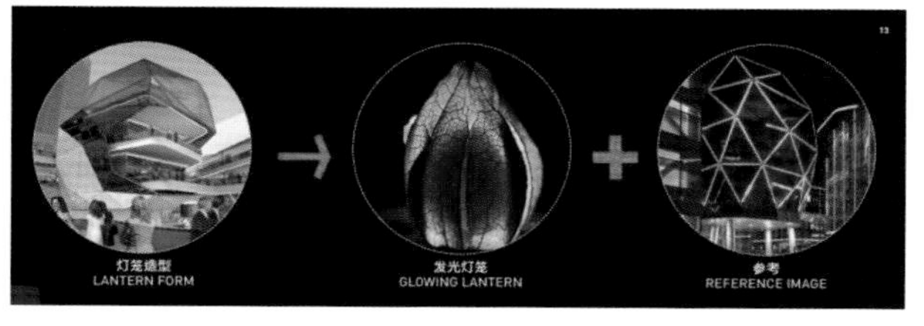

图7-4

主塔楼照明方式：用动态、活跃的光演绎塔楼海市蜃楼般的景致。主塔楼灯具布灯方法没有选择常规的满布而是选择从塔楼的五个边角向两边渐变的布灯方式，加强了建筑的挺拔感，使其显得高大厚重。建筑采用智能控制照明技术，根据其功能需求，分为平时、节假日、午夜模式。（图7-5～图7-7）

图7-5 平时模式

图7-6 节假日模式

图7-7 午夜模式

灯笼体照明方式：以线光洗墙灯沿切面边角向内洗亮，配合内透照明，让这标志性的玻璃灯笼体成为夜间的“梦幻之球”。（图7-8）

图7-8 露台围绕着中心灯笼亭，LED线条灯强调了建筑的形态

塔楼外立面采用蓝色玻璃幕墙，其中一角的局部采用石材幕墙装点，使塔楼外立面更具有立体感。拒绝生硬，让灯光洗亮石材立面，有时候，一点小小的用心就能让整座建筑“活”起来。（图7-9）

图7-9

裙楼照明方式：裙楼营造各种开放的空间，巧妙地利用“连廊”设计来联结商业功能、遮阳及景观设计。灯光特色应用引导的光，给人以空间向纵深延续的感觉，隐蔽场所渗出的光线更易于使人对其存在感兴趣。（图7-10）

图7-10

图7-11 首层的主要入口特意设计成可渗透的，促进了相邻城市街道到项目中心的人流连接

鸟瞰商业中心中庭，商业区属于城市第五空间，灯光氛围最好的仍然是五个连接的商业亭空间。其中有四个亭子是汇聚在一个中心庭院周围的，而灯笼亭则立于三角形场地的中心位置，并提供进入城市商业花园的通道，进一步将项目与更广泛的城市肌理融合。没有多一点，也没有少一点，一切都恰到好处。这不仅为深圳市民提供了一个生活休闲好去处，更将商业空间与生活方式完美融合，成为蛇口乃至深圳又一新生精神文化平台。（图7-11～图7-13）

图7-12

图7-13

周边照明主要有大小灯柱和照树灯，各个出入口照明主要有花钵底部柔性灯带和地面点光源做装饰和起引导作用。（图7-14）

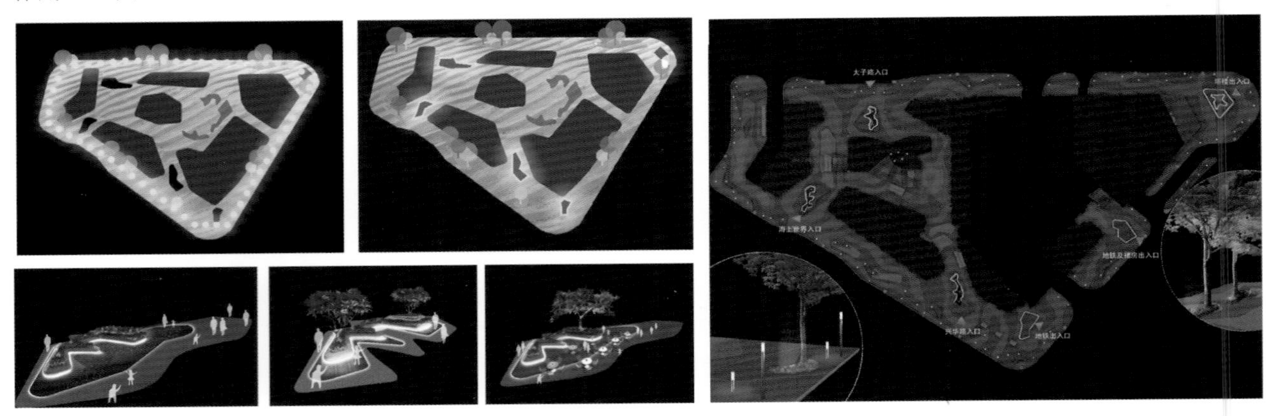

图7-14

照明设计创新点

整个项目在各方配合下进行得很顺利，建筑师与照明设计师及时沟通，在建筑造型已经做到新颖夺目的前提下，照明的效果更是让整个建筑锦上添花。裙楼采用在装饰槽内安装洗墙灯向上洗亮内槽、投射出来的方式，保证了光的均匀、柔和，避免了眩光给人带来的不舒适感。这种“背投光”的打光方式，也将“间接光”的奇妙发挥到极致。（图7-15、图7-16）

图7-15

图7-16

02

办公写字楼照明设计案例分析

满京华·现代西谷大厦

地点：深圳

建筑室外照明设计：DASUN

写字楼夜景照明设计，是建筑室外照明的一种重要组成类型。这里就现代西谷泛光照明方案进行探讨。

项目简介

满京华·现代西谷大厦位于深圳市区，整个建筑用地呈不规则三角形，建筑面积77 203.85平方米。建筑师充分利用地形特点，进行了体块的切割与组合，塑造了由底部商业裙房和4座高层塔楼建筑组成的独特的综合体建筑。底部商业裙房包含汽车展厅、影院、餐饮及商业用房，上部高层建筑为SOHO式办公空间。（图7-17～图7-19）

灯光设计师充分理解建筑的独特组合关系，用最简洁的灯光布置，使建筑有了明暗、虚实与情感，创造出最纯粹的美。

白天，建筑外侧幕墙为“白”的浅色调，内侧为“灰”的深色调，形成体块的层次和对话关系；夜间，灯光使明暗关系转换，建筑内侧变亮，外侧自然变暗，创造了戏剧性的灯光效果，亦表现了4栋塔楼的空间关系。另外，适当地表现凸窗和凹窗的进深关系，丰富了细节，塑造了现代都市中自然峡谷的壮观景象。

图7-17

图7-18

建筑底层半开敞的联系空间为场地周边行人提供便捷的通道。

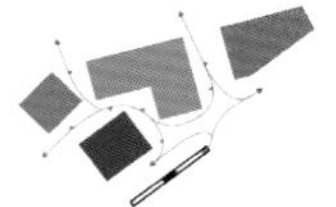

人行流线与建筑底层区域各功能空间的渗透。

建筑底层商业功能区及周边商业形态整合延伸至半开敞的入口联系通道区。

图7-19

设计愿景

创造最纯粹的美，打造现代谷是本方案的设计愿景，好的建筑泛光照明还需注重如何还原建筑白天的美，用最自然、最合适的方法来烘托场景。（图7-20）

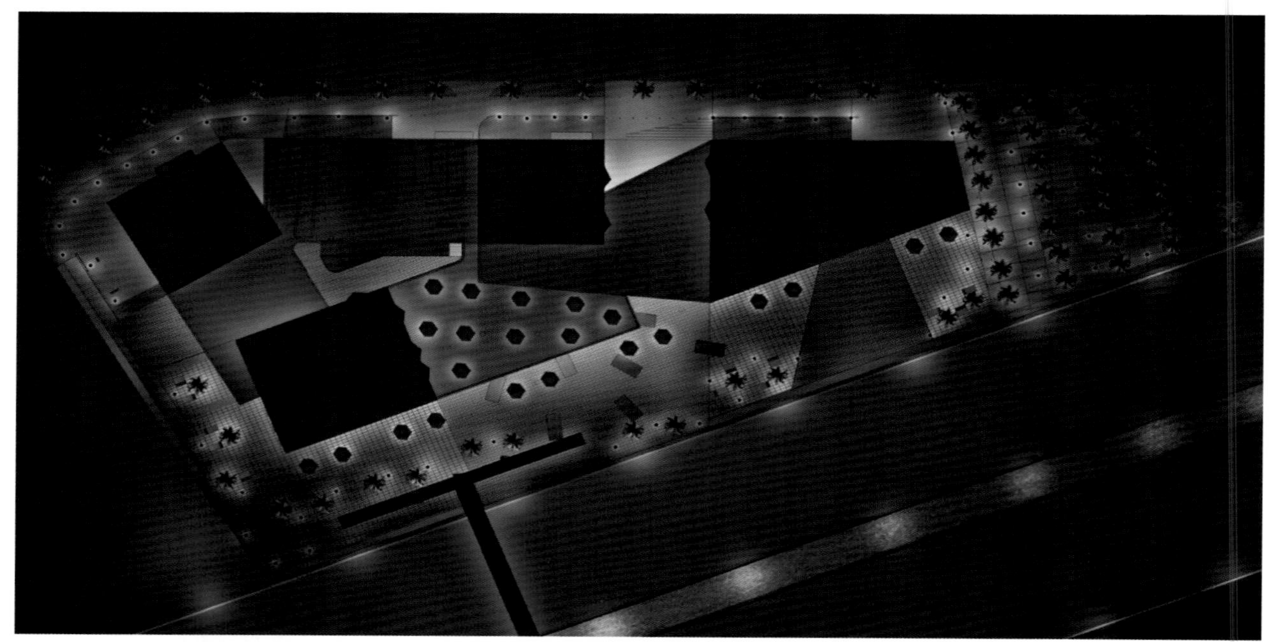

图7-20 光环境分析

设计构思

建筑创意将一个庞大的体块切割出4栋塔楼，其巧妙相连、环抱成群，构成一个立体空间。从空中俯视，犹如大峡谷中河水切出的岩石断面，夕阳时分，大峡谷千奇百怪的山体是自然最壮观的光影舞台。（图7-21、图7-22）

4栋塔楼与裙楼所形成的体块内亮外暗，形成了一个极具张力的空间，犹如将要爆发的火山。（图7-23、图7-24）

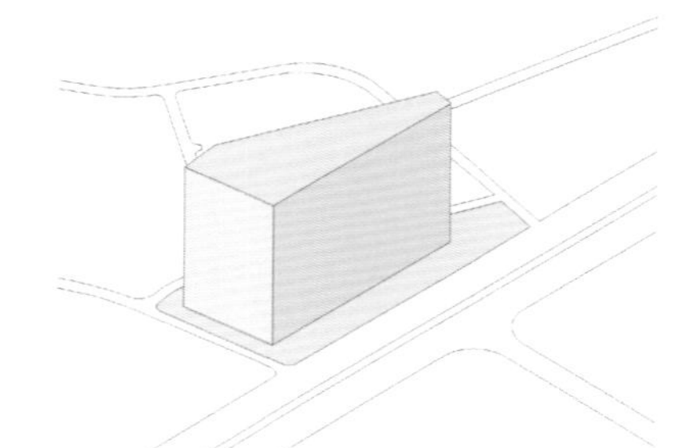

图7-21

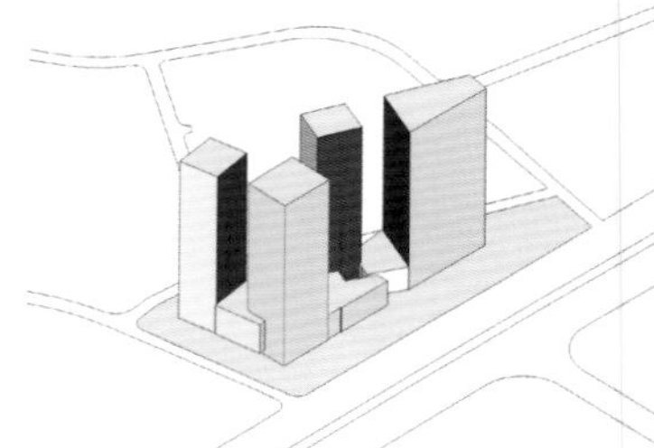

图7-22

图7-23 火山

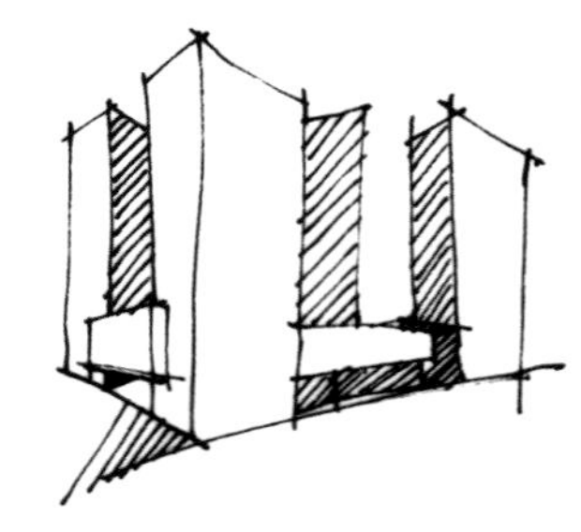

图7-24 现代谷

建筑中黑白之间的转换蕴含着中国古典的美学哲理，把中国传统元素与西方现代设计手法奇异地融合表现，曼妙却不炫耀，夸张但不浮夸。充分肯定了中国元素在设计中占据的重要地位。（图7-25）

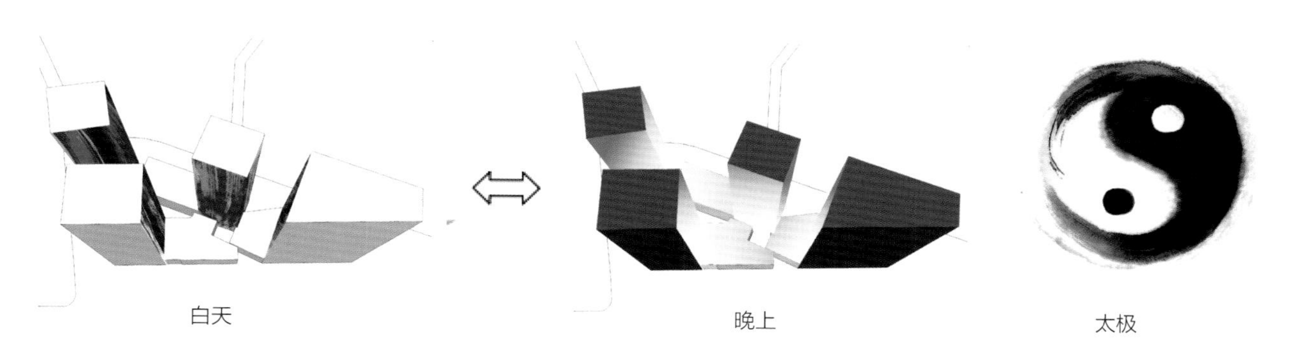

图7-25

照明策略

灯光设计师应坚持“少即是多”的理念，不滥用灯具，充分利用现场结构和条件进行设计，每一个灯位都经过精心布局，使光的使用率达到最大化。去除多余的元素，用简约展现精髓，让建筑本身重新作为核心被凸显。

使用2 000 W不同光束角的大功率投光灯将建筑立面照亮，形成鲜明的外暗内亮的光影效果。这样不仅能够使建筑本体上不用安装灯具，同时又能达到震撼的效果。（图7-26、图7-27）

图7-26

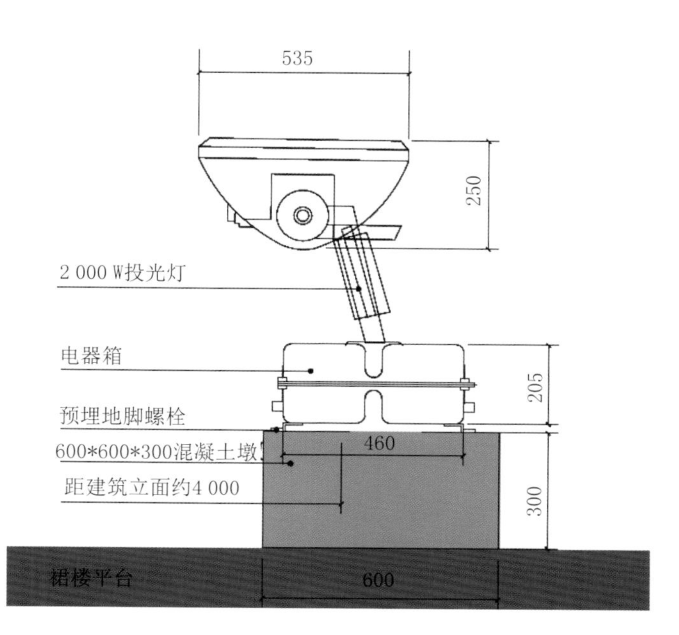

图7-27

也可从本质构思彰显其与众不同，以虚实相生的概念展现建筑的特色，将建筑虚的空间描绘出来，使得空间相对留白，透过虚空间产生的面来表达光对建筑的晕染。

建筑的斜面退台窗户设计形成虚的空间，在窗外安装9 W的LED投光灯实现剪影效果，真正体现建筑虚的空间理念。（图7-28～图7-30）

图7-28

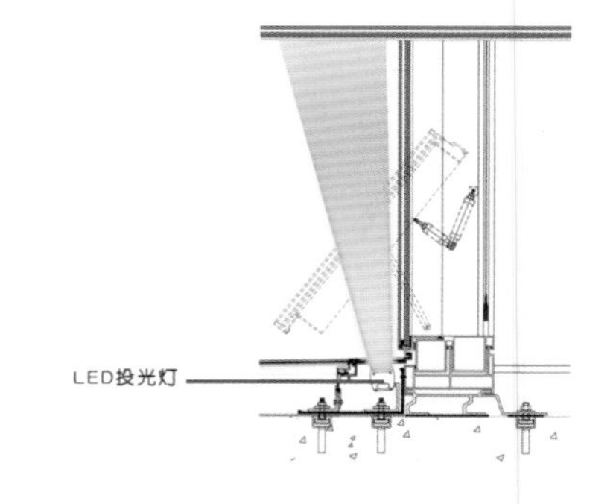

图7-29

图7-30

在汽车展厅入口顶层处增加地面投影灯光设计，把投光灯投放出来的效果设计为一个引导箭头。容易吸引人的眼球，给裙楼商业营造一个十分良好的氛围，让人留下深刻印象。（图7-31）

图7-31

照明设计创新点

用最简洁的灯光布置，使建筑有了明暗、虚实与情感。灯光设计首先还原建筑白天的美，其次使用最自然、最巧妙的光影来烘托场景。满京华·现代西谷的灯光，表现了最纯粹的美。其整体外观照明从内涵之处出发，由内部的间接光源去雕塑建筑物的空间感，不以征服者的姿态与周围对话，而是与周遭环境和平相处。（图7-32～图7-35）

图7-32 建筑北立面

图7-33 建筑窗台

图7-34 体验中心入口用的点阵布灯方式，灯光如星光洒落

图7-35 商业一角2700 K的暖色温营造出温馨舒适的感觉